KATHRIN ROIDA

Gymnastizieren an der Hand

MIT KOSMOS MEHR ENTDECKEN
Das Praxisbuch
40 Lektionen
SEIT 1822

KOSMOS

☞ *Inhalt*

WARUM MIR DIE HANDARBEIT AM HERZEN LIEGT

Ich betreibe seit 2012 einen kleinen Pferdehof in Fürstenfeldbruck im schönen Bayern. Durch meine langjährige Ausbildung bei unterschiedlichsten renommierten Ausbildern habe ich gelernt, Pferde an der Hand vorzubereiten und zu fördern. Zu meinen Ausbildern gehörten u. a. Manuel Jorge de Oliveira, Marc de Broissia und Dr. Gerd Heuschmann. Ihnen verdanke ich meinen jetzigen Ausbildungsstand. Aktuell bilde ich mich bei Anja Beran weiter.

Im Laufe meines Reiterlebens hat die gymnastizierende Arbeit an der Hand für mich immer mehr an Bedeutung gewonnen. Sei es bei jungen Pferden, die durch die Handarbeit ein gutes Körpergefühl und die nötige Balance für das Reiten bekommen oder bei bereits ausgebildeten Reitpferden, bei denen ich an einen Punkt kam, welcher sich unter dem Sattel für mich nicht lösen ließ. Auch bei Korrektur- oder Rehabilitationspferden ist die Handarbeit von großem Wert, manchmal der einzige Weg für diese Pferde, wieder gesund zu werden.

Die meisten Pferdebesitzer wünschen sich ihren Partner Pferd lange Jahre gesund und munter an ihrer Seite. Wie kann ich mein Pferd aber gesund erhalten, wenn ich reiterlich an meine Grenzen stoße? Hier ist die Handarbeit eine gute und sinnvolle Möglichkeit. Es ist erfreulich festzustellen, dass immer mehr Pferdebesitzer im Laufe der letzten Jahre auch nach ergänzenden Alternativen zum Reiten suchen.

Der Freizeitreiter stellt fest, dass alleiniges Reiten im Gelände und eine für sein Pferd perfekte Haltungsform trotzdem kein Garant für die Gesundheit und körperliche Fitness seines Pferdes sind. Oftmals bemerken auch die weniger ambitionierten Reiter eine Muskelatrophie bei ihrem Pferd, vornehmlich in der Sattellage. Gelegentliche Handarbeit kann hier bereits enorme Verbesserung herbeiführen. Man muss kein Profi sein, um seinem Pferd zu einem verbesserten körperlichen Wohlbefinden zu verhelfen.

Der verantwortungsbewusste Jungpferdebesitzer setzt sich erst in den Sattel, wenn sein Pferd bereits einen gestärkten Rücken hat. Es gibt immer mehr gewissenhafte Sattler, welche gar keine Sättel mehr verkaufen, sofern der Rücken des Pferdes nicht einigermaßen tragfähig erscheint. Mit gymnastizierenden Übungen an der Hand kann ich mein Pferd Schritt für Schritt auf seine Aufgabe als Reitpferd vorbereiten.

Das Korrekturpferd, welches augenscheinlich durch falsche Arbeit zu einem solchen geworden ist, profitiert durch die gymnastizierende Arbeit am Boden und genießt es in der Regel offensichtlich, nicht aus dem Sattel heraus bearbeitet zu werden. Hierbei können Dehnungsübungen und Biegeübungen wahre Wunder bewirken.

Rehabilitationspferde, die bereits aufgegeben wurden, kann das Leben durch gewissenhafte, angemessene Boden- und Handarbeit wieder lebenswert gemacht werden, weil sie sich plötzlich wieder schmerzfreier

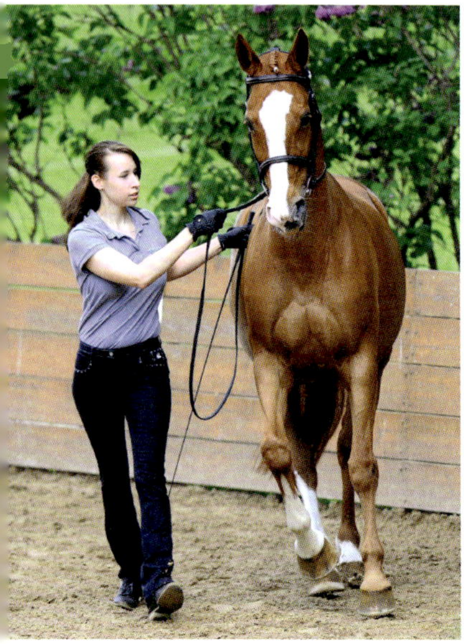

Handarbeit ist eine gute Alternative zum Reiten.

und umfassender bewegen können. Was nicht zuletzt auch ein Leben in der Herde einfacher gestaltet. Hierbei ziehe ich immer einen Tierarzt zu Rate, der die Übungen, welche gemacht werden, aus seiner Sicht „absegnet".
Gesunden Pferden bietet die Handarbeit eine Alternative zum Reitprogramm und hier können auch wunderbar Lektionen erarbeitet werden, welche dann nach kurzer Zeit bereits im Sattel abrufbar sind. Ich arbeite alle meine Pferde an der Hand und versuche, das Trainingsprogramm so vielfältig wie möglich zu gestalten.
Handarbeit ist kein alleiniges Allerheilmittel, man kann zwar sehr viel erzielen – das komplexe Thema Pferdeausbildung und Gesunderhaltung wird aber von vielen Faktoren getragen.
Zumindest ist bei der Handarbeit schon einmal kein Reiter im Sattel, der etwas falsch machen kann. Doch auch am Boden gilt es sehr viel zu beachten und auch hier können schwerwiegende Fehler gemacht werden. Mein Fazit: „Weniger ist manchmal mehr" und führt Pferd und Mensch mit Freude ans Ziel. Also nichts übertreiben.

KORREKTER EINSATZ DER HANDARBEIT

Die Handarbeit sollte genauso gewissenhaft und dosiert ausgeführt werden wie alles andere beim Pferd auch. Man longiert oder reitet ja schließlich auch keine zwei Stunden, bis das Pferd klatschnass ist. In den wenigsten Einheiten schwitzt das Pferd bei der Handarbeit. Meine Einheiten betragen selten mehr als 30 Minuten. Gerade die Jungpferde werden oftmals nur wenige Minuten an der Hand gearbeitet. Ich freue mich, Ihnen in diesem Buch aber nicht nur junge Pferde, sondern auch einen betagten Wallach zu präsentieren, welcher sein ganzes Leben sehr bewusst nach seinen Möglichkeiten, im Sinne dieses Buches, an der Hand und auch unter dem Sattel gearbeitet wurde. Wichtig zu erwähnen ist, dass man bei den gezeigten und dokumentierten Übungen immer ausnahmslos von einem gesunden Pferd ausgeht. Pferde mit Krankheiten, z. B. Arthrose, Spat, Hufrolle, Rehe etc., sollten immer nur nach genauer Absprache mit dem Tierarzt gearbeitet werden.

VIELE WEGE FÜHREN ZUM ZIEL

Es ist mir ein großes Anliegen, ein paar Worte zu den unterschiedlichsten Ausbildungsmethoden und Reitweisen zu erwähnen. Es gibt viele Möglichkeiten Pferde auszubilden, Lehren wie z. B. die der Légèreté, der H. Dv. 12, die altkalifornische Reitweise, die akademische Reitkunst oder die klassische Dressur nach Anja Beran um nur einige zu nennen, finden ihre Anhänger. Ich denke, dass das größte Anliegen bei jeder Ausbildung die Gesunderhaltung des Pferdes bis ins hohe Alter sein sollte.
Nicht jeder Pferdebesitzer fühlt sich in genau einer Ausbildungsweise aufgehoben. Das sollten wir akzeptieren. Auch nicht jedes Pferd ist

z. B. für eine Ausbildung nach FN-Richtlinien prädestiniert. Auch wenn sie in der Theorie noch so perfekt klingen mag.
Vielleicht können mit anderen Herangehensweisen große Erfolge erzielt werden? Das Ergebnis zählt und das sollte mehr Faktoren aufweisen als die allgemein bekannten der Ausbildungsskala.
Das Wichtigste ist, dass das Pferd gesund ist und zufrieden und gerne mit seinem Besitzer Zeit verbringt. Dass es signalisiert, sich auf die Arbeit zu freuen und keinen körperlichen Schaden durch sie nimmt. Sind wir doch so tolerant und überlassen es den Besitzern, für welche Methode sie sich entscheiden. Es ist alles niedergeschrieben, wir müssen uns nicht gegenseitig degradieren, sondern vielmehr das Positive der jeweiligen Ausbildungsmethode sehen.

WIE FINDE ICH DEN RICHTIGEN AUSBILDER?

Der Pferdebesitzer wird im Laufe seines Reiterlebens mit den unterschiedlichsten Reitweisen und Herangehensweisen diverser Trainer konfrontiert. Durch die zahlreichen Medien, wie z. B. Zeitschriften, DVDs und Internet, wird er mit Ausbildungsmethoden überschwemmt. Für den ambitionierten Freizeitreiter oder auch Turnierreiter ist es da oft schwer, den richtigen Weg für sich und sein Pferd auszuwählen. Hier möchte ich eine Sache loswerden, die mir sehr wichtig ist und worauf ich alle Pferdebesitzer aufmerksam machen möchte: Die Visitenkarten aller Ausbilder sind deren Pferde! Papier ist geduldig, es können noch so viele Referenzen aufgezeigt werden, aber das Aussehen, Verhalten und das Bewegungsmuster eines Pferdes sagt Ihnen die absolute Wahrheit über den Ausbilder.

Die Pferde sind die Visitenkarte des Ausbilders.

Jeder Ausbilder hat eine eigene Herangehensweise.

Sie als Pferdebesitzer sollten mit offenen Augen in Ausbildungsbetriebe gehen. Lassen Sie sich dort eigene Pferde und Berittpferde vorführen, schauen Sie sich die Sattellage an, die Bemuskelung, das Gangbild, die Maultätigkeit und bitte auch den Ausdruck, den die Pferde in den Augen haben – und entscheiden Sie dann, ob das der Weg und der richtige Ausbilder für Ihr Pferd und für Sie ist.

DER AUFBAU DES VORLIEGENDEN BUCHES

Im Laufe der letzten Jahre habe ich mit den unterschiedlichsten Pferderassen und Pferdetypen gearbeitet, sowie natürlich mit deren Besitzern, welche entweder zum Unterricht kommen oder ihr Pferd zur Ausbildung in Beritt geben. Da es sich um Pferde in unterschiedlichen Ausbildungsstadien handelte, möchte ich im vorliegenden Buch anhand von Fallbeispielen, unterstützt durch anschauliche Fotos, meine Herangehensweisen erläutern, so dass sich vielleicht ein jeder Pferdebesitzer mit seinem eigenen Pferd an einer Stelle wiederfinden kann. Ich zeige Ihnen die Grundlagen der Handarbeit am Beispiel vieler verschiedener Pferde. So lernen Sie neue Möglichkeiten, Ihr Pferd nicht nur aus dem Sattel zu fördern, sondern es auch möglichst lange, durch gymnastizierende Arbeit am Boden, gesund zu erhalten. Vielleicht werden einige Leser explizit das Thema Vorwärts-Abwärts und die Dehnungshaltung bei der Handarbeit vermissen. Ich arbeite die Pferde an der Hand ausschließlich in einer erhabenen Haltung, eventuell sogar teilweise „über dem Zügel", um eine Dehnung der Halsmuskulatur wie auf S. 62 ff. beschrieben zu erreichen. Das Vorwärts-Abwärts findet bei mir an der Longe statt und auch unter dem Sattel, nicht aber an der Hand. Bei der Handarbeit wird das Pferd nach kurzen Reprisen immer wieder mit hingegebenen Zügeln belobigt, das ist obligatorisch, im Schritt oder im Stand. Eine Dehnungshaltung erarbeite ich aber nicht explizit an der Hand, weil ich für eine korrekte Dehnung das ausreichende Vorwärts nicht immer sichern kann. Einige von meinen Ausbildern beziehen Aspekte aus den Lehren des François Bauchers in ihre Arbeit mit ein. Ich versuche, die Essenzen der unterschiedlichsten Betrachtungsweisen in Verbindung mit meiner Praxiserfahrung zu erläutern. Ausgehend vom Vertrautmachen mit dem Gebiss oder auch dem Pferd durch Abkauübungen das Gebiss wieder „schmackhaft" zu machen, über mobilisierende Seitengänge, welche nach bereits kurzer Zeit zu hervorragender körperlicher Kräftigung führen, bis hin zur Heranführung an versammelnde Lektionen, die den meisten Pferden ohne Reiter erst einmal leichter fallen, haben sich alle Pferde, welche ich so gearbeitet habe, ohne Ausnahme deutlich im positiven Sinne weiterentwickelt. Ebenfalls finden Sie immer wieder Stellungnahmen der Osteopathin Angelika Mittermüller, die bei einzelnen Übungen die positiven Auswirkungen der Handarbeit aus osteopathischert Sicht beschreibt. Hierdurch wird der Kreis zum biomechanischen Nutzen der Handarbeit geschlossen.

DIE PFERDE

Die Hauptakteure in diesem Buch sind Pferde der verschiedensten Rassen und Ausbildungsstadien, die ich Ihnen auf den folgenden Seiten vorstelle.

KASTELLA

Die 3-jährige Trakehnerstute von Millenium aus einer Kapriolan F Mutter befindet sich seit Oktober 2015 in unserer Ausbildung. Sie kam direkt vom Züchter und hatte bislang noch keinerlei Erfahrungen in der Arbeit mit dem Menschen gesammelt. Vom Züchter wurde sie als sehr dominant eingeschätzt und wohlwissend nur in erfahrene Hände abgegeben. Bei uns zeigte sich die Stute zu Beginn tatsächlich sehr forsch, bereits nach wenigen Tagen Bodenarbeit ließ sie aber Kooperationsbereitschaft erkennen und war der Arbeit gegenüber sehr aufgeschlossen. Nach nur wenigen Trainingseinheiten sind die ersten Bilder entstanden.

Kastella

Oh là là

OH LA LA

Oh là là ist eine 4-jährige Warmblutstute, abstammend von Blickpunkt aus einer Mutter von Harvard. Die Stute befindet sich noch auffällig im Wachstum und wird von uns schonend auf die Arbeit unter dem Sattel vorbereitet. Oh là là ist eine sehr empfindsame Stute, deren Konstitution nach einer begonnenen standardisierten Jungpferdeausbildung zu wünschen übrig ließ. Wir führen sie wieder ganz neu an die Arbeit heran, um automatisierte Verhaltensmuster aufzulösen und ihr dabei Freude zu vermitteln. Hierzu benötigt es sehr viel mobilisierende Arbeit, um den bereits in eine Schonhaltung gesetzten steifen Körper wieder geschmeidig zu machen.

FANTASMA

Fantasma

Ein 6-jähriger Lusitano-Hengst von Lobito aus einer Novilheiro Mutter, dessen Gebäude beim ersten Blick überzeugt, man aber beim genaueren Betrachten die Schwierigkeiten in der Halsung erkennt. Der Hengst hat keine Ganaschenfreiheit und einen sehr stark ausgeprägten Unterhals. In seiner Entwicklung liegt er noch deutlich zurück, da ihn das Wachstum immer wieder regelrecht aus der Bahn wirft. Abkauübungen und Biegeübungen des Halses haben hier bereits sehr gute Ergebnisse erzielt und werden auch in der weiteren Ausbildung unerlässlich sein. Ich arbeite den Hengst viel an der Hand, um seinen Rücken zu kräftigen und dem schlaksigen Pferd mehr Stabilität zu geben. Übertreten, Rückwärtsrichten, Übergänge, Ganze Paraden sind sein derzeitiges Repertoire bei der Handarbeit. Aktuell erabeiten wir mit ihm die ersten diagonalen Tritte an der Hand. Es gibt viele Tage, an denen ich nur im Schritt arbeite. Geduld hat oberste Priorität.

Fantasma

QUITE CALYPSO

Ein 8-jähriger Holsteinerwallach von Quite Capitol aus einer Calypso II Mutter, der als Korrekturpferd zu uns kam. Seine Besitzerin klagte, dass sich das Pferd nicht nach links stellen ließ und sein Hals muskulär völlig verformt war. Er hatte einen falschen Knick beim Reiten und auch in der natürlichen Halshaltung war die Muskulatur unnatürlich. Wir haben ihn zuerst an der Hand gymnastiziert und seinen Hals durch Biegeübungen wieder geschmeidig gemacht. Auch haben wir ihm eine völlig neue Haltungsform unter dem Sattel gewährt: Das Genick durfte der höchste Punkt sein. Mittlerweile wirkt das stark überbaute Pferd mit seinem Gebäude stimmig. Er hat ein waches Auge bekommen und zeigt größte Motivation bei der Arbeit.

Quite Calypso

Suna

SUNA

Die 10-jährige Trakehnerstute stammt ab von Key West aus einer Hofrat Mutter. Mit bestem Blut ausgestattet und einem sehr harmonischen Körperbau galt es bei Suna, die Psyche mit ihrem sportlichen Körper in Einklang zu bringen. Die Stute kam 2014 zu uns, nachdem ihre Besitzer sie als nahezu unreitbar bezeichneten. Immer wieder kam es zu Ausbrüchen, bei denen das Pferd buckelte und sich des Reiters entledigte. Bei uns wurde die Stute zuerst an der Hand gearbeitet, aus der Tiefe, in die sie sich vornehmlich entzog, nach oben geführt und vor allem durch gezieltes Übertreten von der rechten Schulter gearbeitet. Mittlerweile scheint die Stute von ihren Ausbrüchen geheilt und lässt sich auch von schwächeren Reitern mit Leichtigkeit arbeiten. An der Hand zeigt sie Seitengänge und eine eindrucksvolle gesetzte Galoppade.

Uranio

URANIO

Uranio

15-jähriger Lusitanowallach von Nobre aus einer Castelo Mutter, ehemaliger gekörter Hengst mit sehr korrektem Körperbau. Nach einer Decksaison ist er im Oktober 2014 in einem desolaten Zustand in unseren Stall gekommen. Es galt den Körper wieder aufzumuskeln und das Pferd reittauglich zu gymnastizieren. Der Wallach stolperte auffällig viel und mit der Hinterhand eiert er gerne schnell um die Ecken. Noch hat er zeitweise ein unruhiges Maul und schlägt mit dem Schweif, was aber mit jedem weiteren Schritt der körperlichen Stabilität schon deutlich besser wird. Körperliche Defizite macht er durch sein fantastisches Wesen und seinen eifrigen Charakter wett. Wir versuchen ihn zu gymnastizieren und noch kräftiger zu bemuskeln, um ihn im Ganzen stabiler zu bekommen. Er zeigt nahezu alle Lektionen, welche er unter dem Sattel beherrscht, auch an der Hand.

NINA

Die 11-jährige gekörte PRE-Stute von Esperado aus einer Glorioso II Mutter ist zur Weiterbildung im Mai 2015 gekommen. Nina ist gut gebaut, sie zeigt einen starken und „lauten" Campaneo und man hört sie, bevor man sie sieht. Die Stute ist sehr ängstlich, scheut oft und ein gebrochenes Jochbein lässt Irritationen im Augenhintergrund vermuten. Unser Ziel war es, sie zu gymnastizieren und beweglicher zu machen, ihren langen Hals geschmeidiger zu formen. Es galt, sie wieder vor die treibenden Hilfen zu bringen, und ihrem introvertierten Charakter zu mehr Selbstbewusstsein zu verhelfen. Mittlerweile beherrscht die Stute eine kleine Piaffe und Passage sowie Galopp und fliegende Wechsel an der Hand.

Nina

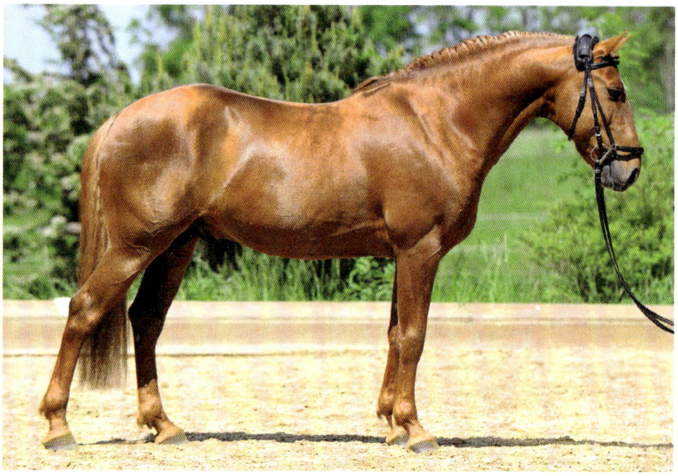

Desejo

DESEJO

Ein 8-jähriger Lusitanohengst von Lobito aus einer Lykeios Mutter mit außergewöhnlich gutem Körperbau und für die Rasse untypisch raumgreifenden und schwungvollen Bewegungen. Der Hengst ist furchtlos, aber durch seinen starken Charakter anspruchsvoll im Umgang. Er ist sehr selbstbewusst und fordert eine klare Hand. Desejo ist ein sehr intelligentes Pferd, das die Menschen sehr schnell durchschaut. Kann man ihn von sich überzeugen, begeistert er mit seiner überaus guten Arbeitseinstellung. Desejo will jeden Tag arbeiten und an der Hand zeigt er oftmals übereifrig einen versammelten Galopp, Seitengänge, Piaffe und Passage mit Leichtigkeit.

Navaro

NAVARO

Navaro

Ein 5-jähriger Freibergerwallach von Niro aus einer Honoret Mutter. Der Wallach kam Februar 2015 zu uns in Ausbildung. Er hatte damals wenig Muskulatur am Rücken und war sehr mager. Wir haben die ersten drei Monate ausschließlich an der Hand gearbeitet, bevor ein Sattel angepasst wurde. Er ist ein sehr gut gebautes Pferd, bei dem es gilt, sein Gewicht von den Schultern Richtung Hinterhand zu „verlagern". Außerdem musste er so gekräftigt werden, dass auch ein Galopp, bei welchem er nicht sein Heil in der Flucht nach vorne suchte, möglich wurde. Durch konsequente Arbeit ist Navaro ein herrliches Reitpferd geworden, welches an der Hand mittlerweile im Schritt die Seitengänge korrekt und sogar schon die ein oder andere Übung im Trab und einen kurzen Galopp beherrscht.

ILUSTRADO

Der 5-jährige PRE-Wallach von Faraon CCXXI aus einer Ilustrado XIII Mutter überzeugt mit absolut korrektem Körper und Fundament. Ein Pferd, dem die Balance schon in die Wiege gelegt wurde. Trotzdem benötigt er noch mehr Kraft, vor allem im Rücken, um selbstbewusster und gelassener die geforderten Übungen zu meistern. Der Wallach hat ein sehr gesprächiges Maul, reagiert sensibel auf die Hilfengebung, und versucht es seinen Ausbildern immer recht zu machen. Aufgrund seiner soliden Grundausbildung und Grunderziehung konnten wir seine Reitpferdepoints weiter ausbauen. Wegen seines Körperbaus und seinem hervorragenden Fundament ist er ein Freizeitpartner erster Güte.

Ilustrado

Lady Di

LADY DI

Eine 8-jährige Rheinländer-Stute von Lord Loxley aus einer Fürst Piccolo Mutter. Die Stute ist körperlich mit vielen Defiziten ausgestattet, so ist unter anderem der Rücken sehr lang und schwach, und sie hat zwei unterschiedliche Vorderhufe mit Stellungsfehler, welcher sich auf die gesamte Schiefe des Pferdes auswirkt. Zudem kommt noch ihr phlegmatischer Charakter hinzu, der keine positive Arbeitseinstellung erkennen ließ. Durch konsequente, liebevolle Ausbildung und Kräftigung des Körpers mit gezielter Handarbeit ist es ihrer Besitzerin gelungen, dieses schwierige Pferd zu einem ansehnlichen Reitpferd zu formen, das durch ein sehr abwechslungsreiches Training wieder Spaß an der Arbeit hat. Eine Osteopathin hat durch Behandlungen den Entwicklungsprozess positiv begleitet.

Desideria

DESIDERIA

14-jährige Stute vom Araberhengst Decoration AA aus einer Argentan Mutterlinie. Die Stute entspricht vom Exterieur sehr der Mutter im Warmbluttyp, überrascht dabei aber mit dem sehr feinen und sensiblen Gemüt des Arabers. Somit ist dieses sehr stabil gebaute Pferd mit einer überaus guten Rittigkeit und hohen Versammlungsbereitschaft ausgestattet. Diese außergewöhnliche Kombination macht die Stute zu einem sehr ansprechenden und fein zu arbeitenden Dressurpferd. Seit einem Jahr wird die Stute von ihrer neuen Besitzerin regelmäßig an der Hand gearbeitet, mittlerweile zeigt sie dabei einen schönen Hand- und Außengalopp sowie eine kleine Piaffe.

Desideria

OLIMPICO

21-jähriger Lusitanowallach von Dardo II aus einer Denodo Mutter. Der Wallach ist stark überbaut und mit schwachen Grundgangarten ausgestattet. Ab einem Alter von 15 Jahren wurde mit ihm auch vermehrt an der Hand gearbeitet und so verdankt er seinen bis heute gut bemuskelten Körper nicht zuletzt einer gymnastizierenden Handarbeit. Auch im hohen Alter beherrscht er geschmeidig Seitengänge im Schritt und Trab und eine kräftigende Piaffe bewahrt ihn davor, zu viel Gewicht auf die Vorhand zu verlagern und, wie es bei älteren Pferden oft häufig ist, zu stolpern.

Olimpico

Aimée la vie, genannt Ally

AIMÉE LA VIE

5-jährige Stute von Amazing Spirit aus einer Diamond Hit Mutter, die gleich zu Beginn ihrer Ausbildung zu uns kam. Die Stute ist sehr großrahmig mit einem Stockmaß von 176 cm und hat sehr raumgreifende Bewegungen. Ihr gesamter Körper wirkt noch schlaksig und so haben wir nach anfänglichen gymnastizierenden Übungen relativ schnell angefangen, ihren Körper durch versammelnde Lektionen zu kräftigen. Der gesamte Bandapparat wirkt seither stabiler und tragfähiger.

Daisy

DAISY

9-jährige Stute von Lissaro von der Helle aus einer Davignon II Mutter, die seit zweieinhalb Jahren bei uns ist. Daisy kam 6-jährig mit einer soliden Grundausbildung zu uns und wird jetzt sehr vielseitig weiter gefördert. Sie ist ein absolutes Allround-Talent und wir sind uns nie einig, welches eigentlich ihre größte Begabung ist. Sehr blutgeprägt durch den Vollblut-Anteil, ist sie stets hochmotiviert und die Energie scheint ihr nie auszugehen. Dennoch lässt sie sich arbeiten. Daisy ist ein absolutes Traumpferd, wäre da nicht ihre Schreckhaftigkeit. Sie sieht viele Gespenster und ist sehr guckig. Durch die Handarbeit können wir sie jetzt auch vom Boden aus in die Konzentration bringen und so ist sie im Umgang deutlich handelbarer geworden.

DANNY KAYE

4-jähriger Wallach von DSP Dominy aus einer Mutter von Contendro I. Danny ist ein Musterschüler, der gerne mitarbeitet und gefallen möchte. Danny kann sein Becken mühelos kippen und man hat das Gefühl, dass ihm die Versammlungsfähigkeit in die Wiege gelegt wurde. Viel mehr Mühe bereitet ihm das seitliche Übertreten. Zunächst haben wir das Übertreten in einem sehr ruhigen Tempo im Schritt erarbeitet. Die Koordination seiner Beine im Seitwärts stellte für ihn eine große Herausforderung dar.
Mittlerweile versuchen wir es auch in kurzen Reprisen im Trab. Die Diagonalität der Fußfolge im Trab geht hierbei noch schnell verloren. Die Vorhand bricht im Übertreten die Diagonale und setzt früher als die Hinterhand auf. Der Winkel des Übertretens darf deshalb nicht zu steil gewählt werden, und man darf eine Biegung im Hals zulassen. In kleinen Schritten werden nicht nur die Psyche, sondern auch die Gelenke und der Bandapparat mit dem neuen Bewegungsmuster vertraut.

Danny Kaye

Geronimo

GERONIMO

Geronimo, ein 9-jähriger Lusitano-Wallach aus der Zucht von José Lourenzo de Aquino ist ein absolutes Ausnahmepferd. Bereits seit seinem 4. Lebensjahr ist er bei uns in Ausbildung. An Intelligenz und Sanftmut kaum zu übertreffen, ist er mittlerweile ein richtiges Lehrpferd. Man kann nichts Negatives an Geronimo finden und jeder genießt die Arbeit mit diesem Pferd. Er beherrscht alle Grand-Prix-Lektionen, und auch an der Hand ist er mittlerweile sehr weit ausgebildet. Körperlich hat er keine Defizite und ihm gelingen die schwierigsten Lektionen mühelos mit viel Ausdruck.
Die Ausbildung sensibler Pferde ist in jungen Jahren oftmals anspruchsvoller. Aber wenn die Ausbildung einmal „abgeschlossen" ist, sind Energie und Eifer dieser Pferde ein großer Vorteil und eine Freude.

Sternschnuppe, genannt Schnuppe

STERNSCHNUPPE

Unsere Sternschnuppe vom Buchberg ist eine 17-jährige Dt. Part-Bred-Shetty-Stute von Pegasus aus einer Mutter von Jupiter. Sie hat ein unerschütterliches Gemüt und ist dabei sehr sanftmütig. Besonders hervorzuheben ist allerdings ihr Fleiß, den sie täglich bei jeglicher Arbeit unter Beweis stellt. Gerade ihre Motivation, auch noch im hohen Alter zu lernen, macht „Schnuppe" zum idealen Handarbeitspartner. Wir haben sie erst mit 14 Jahren bekommen und sie hat alle Lektionen an der Hand mit spielerischer Leichtigkeit wie ein junges Pferd gelernt. Meine Tochter konnte das bei der Handarbeit Erlernte, direkt im Sattel abfragen. So ist „Schnuppe" sicherlich eine der wenigen Vertreterinnen ihrer Rasse, die sämtliche Seitengänge im Schritt und Trab, eine spektakuläre Piaffe und Galopparbeit an der Hand beherrscht.

GRUNDLAGEN
— *der Bodenarbeit*

GRUNDSTEIN FÜR DIE ARBEIT AN DER HAND

Ich wünsche mir bei der Arbeit ein gehorsames, aber bitte nicht abgestumpftes Pferd. Die Grundlagen der Handarbeit finden bei der Bodenarbeit statt.

Hierbei ist es wichtig, das Pferd zu erziehen, aber nicht abzustumpfen, so dass es immer Ausdruck in den Augen behält und Interesse und Freude an neu Erlerntem findet. Alle Aufgaben müssen für das Pferd verständlich sein und sollten nicht mit Kraft abgerufen werden, wohl aber mit Konsequenz. Die Hilfengebung soll in Form von Impulsen und unmittelbarem Lob, basierend auf einer liebevollen Zuneigung, die das Pferd spüren muss, erfolgen. Wer eine solche Zuneigung nicht verspürt, wird auch niemals mit dem Gefühl beschenkt, wie es ist, wenn das Pferd etwas für den Menschen tut, um ihm zu gefallen.

ERFORDERLICHE AUSRÜSTUNG FÜR DIE BODENARBEIT

Wir beginnen die Bodenarbeit am Halfter. Wir benötigen ein gut sitzendes Halfter und einen Strick, welcher sich in der Hand angenehm anfühlt und einen sicheren Verschluss hat. Ich nehme hierfür keinen Strick mit Panikhaken. Ich trage Handschuhe und habe eine kurze Gerte, welche ich regulierend und treibend einsetzen kann. Es gibt auch Ausnahmen, bei denen ich das Training mit dem Kappzaum beginne. Das mache ich abhängig vom Temperament und Verhalten der Pferde vor und bei der Arbeit.

HILFENGEBUNG AM BODEN

Zunächst muss unser Pferd lernen, was es mit den treibenden und regulierenden Hilfen auf sich hat. Wir müssen in der Lage sein, das Pferd jederzeit anhalten zu können und es durch treibende Hilfen überzeugen können, überall mit uns hinzugehen. Also beginne ich, indem ich leicht vor der Schulter des Pferdes auf dem zweiten oder dritten Hufschlag gehe und einfühlsam mit den Pferden rede, um sie an mich zu gewöhnen. Bei den ersten Übungseinheiten bleibe ich auf der linken

Ausrüstung bei der Bodenarbeit mit Trakehnerstute Kastella

Seite, um das Pferd nicht zu überfordern und Unwillen zu provozieren. Bereits nach wenigen Runden halte ich das Pferd das erste Mal an, indem ich mich zu ihm drehe und mit der Gerte auf Nüsternhöhe den Weg „versperre" und ein beruhigendes Stimmkommando gebe. Ich ziehe dabei nicht am Strick, sondern halte diesen ohne Zug in meiner rechten Hand.

Da die jungen Pferde die Gertenhilfe noch nicht kennen, geschweige denn mit dem Anheben eine Aufforderung zum Spanischen Schritt assoziieren, können wir sie getrost auf die beschriebene Art und Weise einsetzen. Die Pferde haben jetzt noch die Möglichkeit, einige Schritte seitlich auszuweichen, nach wenigen Versuchen aber klappt das Anhalten meist einwandfrei. Vor dem Angehen drehe ich mich wieder parallel zum Pferd und gebe erneut ein aufforderndes Stimmkommando, die Gerte zeigt jetzt nach hinten und wirkt somit ebenfalls treibend. Ziel soll sein, dass mein Pferd mir irgendwann bedingungslos folgt, sich mit mir verbunden fühlt, ohne meinen persönlichen Raum in Frage zu stellen. Ein Sicherheitsabstand sollte gerade zu Beginn der Arbeit immer eingehalten werden. Erst wenn sich Vertrauen und Wertschätzung abzeichnen, darf dieser Abstand aufgehoben werden.

DAS FÜHREN

Es gibt unterschiedlichste Auffassungen über die Position beim Führen eines Pferdes. Im Folgenden beschreibe ich die Führposition auf Schulterhöhe des Pferdes.

Ich bevorzuge eine Führposition auf Höhe der Schulter des Pferdes, so kann ich sehr exakt und mit feinsten Hilfen einwirken, ohne meine Position ändern zu müssen. Diese Position hat sich auch im Umgang mit sehr dominanten Pferden bewährt. Die Gerte zeigt dabei nach hinten, mein Blick ist dem Pferd zugewandt. Die Mimik des Pferdes sagt so viel über seine Empfindungen aus und zeigt uns seine nächsten Reaktionen an: Ist es mit einem Ohr bei mir und wartet aufmerksam auf das nächste Kommando? Oder ist es abgelenkt und kurz davor wegzuspringen? Geführt wird immer von beiden Seiten, um die Symmetrie des Pferdes zu fördern. Wenn wir wollen, dass sich das Pferd stolz neben uns bewegt und mit Ausdruck die Lektionen zeigt, die wir von ihm verlangen, so fordert es auch eine Person am Boden, die sich aufrecht und selbstbewusst am Pferd bewegt: Eine gesunde Körperspannung mit weichen fließenden Bewegungen, vergleichbar mit einem Dirigenten der ein Orchester leitet.

Die junge Stute Kastella ist mit einem Ohr aufmerksam bei ihrer Ausbilderin.

ANHALTEN AM HUFSCHLAG

Klappt das Anhalten in der Bahnmitte wie auf S. 24 beschrieben, so ist der nächste Schritt das Anhalten auf dem Hufschlag mit der Bande als seitliche Begrenzung.

Die Herangehensweise ist identisch, nur dass ich mich bereits nach kurzer Zeit vor dem Anhalten nicht mehr frontal zum Pferd drehe, sondern in Bewegungsrichtung stehen bleibe. Bei der Jungpferdearbeit wird vom Ausbilder die volle Konzentration und Aufmerksamkeit verlangt. Tritt das Pferd nach meinem Stehenbleiben noch weiter nach vorne,

ANHALTEN AUF DEM HUFSCHLAG

- Körpersprache des Reiters
- Heben der Gerte bei Bedarf
- Vermeidung des Zurücktretens des Pferdes

Beim Anhalten mit Positionierung in Bewegungsrichtung reicht es, die Gerte als optische Barriere nur noch nach vorne zeigen zu lassen.

so hebe ich die Gerte als Hilfsmittel wieder sanft an. Die optische Barriere reicht in den meisten Fällen bereits aus, um das Pferd anzuhalten. Falls das Pferd sich erschreckt und nach hinten weicht, so bleibe ich ruhig stehen, gebe einen Impuls am Strick und unterstütze mit einer treibenden Stimmhilfe und der nach hinten zeigenden Gerte. Das Pferd muss wirklich einige Sekunden stillstehen und darf erst auf Ihren vorwärtstreibenden Impuls wieder angehen. Denken Sie auch an Ihre Körperhaltung, gehen Sie aufrecht und mit einer gesunden Körperspannung. Beim Anhalten schließe ich die Schulterblätter leicht, schließe meine Beine bewusst, ohne aber mit den Füßen aufzustampfen oder meinen Oberkörper nach hinten zu werfen. Alle Bewegungen am Pferd sind geschmeidig und weich, so wie ich sie mir auch von den Pferden wünsche. In kürzester Zeit sind die Hilfen nach außen hin nicht mehr sichtbar und so soll es auch sein. Der Mensch tritt immer mehr „in den Hintergrund" und für den Betrachter bleibt nur noch das Pferd – ob am Boden oder später im Sattel.

Aufforderung an Kastella, noch einen Schritt weiter vor zu treten.

INTENSITÄT DER HILFEN

Wir orientieren uns, was die Intensität der Hilfengebung betrifft, immer an dem Verhalten und den Aktionen der Pferde. Das heißt, die Hilfe darf nur dann intensiver ausfallen, tritt mir ein Pferd heftig entgegen. Wichtig ist ein unmittelbares Lob bei Gehorsam per Stimme oder mit einer beruhigenden Geste. Wir dürfen nie nachtragend, wohl aber achtsam sein. Ich werde oft gefragt, wie ich es schaffe, dass meine Pferde so fein und sensibel reagieren. Ich versuche meine Arbeit mit den Pferden so klar wie möglich zu gestalten. Es gibt in meinen Augen nichts Schlimmeres, als diese Lebewesen durch immerwährende Bestrafung, sei es Treiben oder Ziehen, abzustumpfen. Auch ein falsch verstandenes Lob kann zu unerwünschten Reaktionen führen. So kritisiere ich ein Herumgrapschen in den Gesichtern oder an der empfindlichen Pferdenase, was nämlich meist zu der Reaktion führt, dass die Pferde den Menschen nach kurzer Zeit als Kratzbaum sehen und wer Pferde einmal in der Natur beobachtet hat, weiß die Rangfolge dann einzuordnen. Was das Lob betrifft, so ist es genauso wichtig, sensibel zu sein. Vielleicht möchte Ihr Pferd nicht im Gesicht geknuddelt werden. Ein sanftes Streicheln der Stirn oder am Hals in Kombination mit liebevoller Stimme reicht völlig aus und wird von den Pferden als angenehm empfunden.

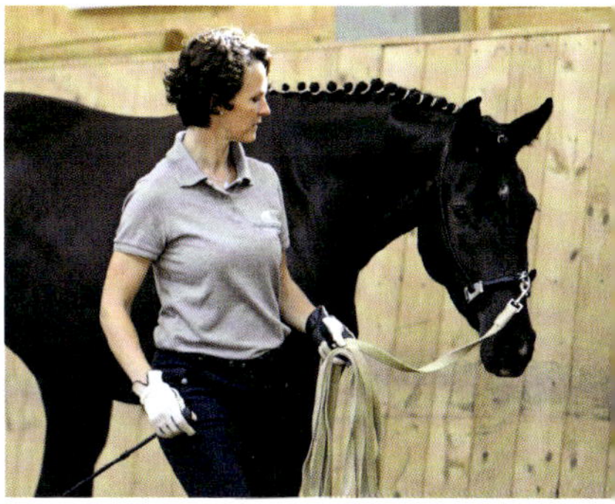

Die junge Stute hier am Kappzaum von rechts geführt

Hat das Pferd verstanden, was wir von ihm möchten, so beginne ich dieselbe Arbeit auch von der rechten Seite. Ich arbeite alle Pferde vom Boden und bei der Handarbeit von beiden Seiten. Man sollte sich immer wieder ermahnen, die meist ungeliebte rechte Seite genauso intensiv zu bearbeiten wie die linke.

RÜCKWÄRTSRICHTEN

Klappt das Anhalten und Angehen einwandfrei, so folgt nach kurzer Zeit die Übung zum Rückwärtsrichten.

Ich ziehe das Rückwärtsrichten bei sehr temperamentvollen Pferden auch durchaus vor, da es disziplinierend wirkt und mir die Arbeit mit etwas aufmüpfigen Junghengsten sehr erleichtert. Man kann oftmals ein Kauen nach dieser Übung erkennen, was eine Geste der Unterwerfung oder Einsicht ist. Meist sind die Pferde nach wenigen Einheiten kurzen Rückwärtstretens sehr viel aufmerksamer. Das Rückwärtstreten kann zu Beginn noch Taktunreinheiten aufweisen, meist lernen die Pferde jedoch nach kurzer Zeit, die Beine diagonal gleichzeitig zu setzen und sich besser auszubalancieren.

Ich positioniere mich wie beim Anhalten parallel zum Pferd. Steht das Pferd still, so hebe ich die Gerte leicht an und gebe einen „Zischlaut", der sich deutlich von den treibenden Stimmlauten unterscheidet. Reagiert das Pferd nicht auf das leichte Anheben der Gerte in Brustnähe, darf

Vor dem Rückwärtsrichten sollte das Pferd ruhig und möglichst geschlossen stehen.

man die Gerte auch kurzzeitig höher halten, niemals aber am Strick rückwärts ziehen. Weicht das Pferd zurück, senke ich die Gerte ab und belobige das Pferd durch die Stimme und das Aussetzen der Hilfen. Klappt die Übung, positioniere ich mich auf Schulterhöhe, um ein Hereintreten der Hinterhand zu begrenzen. Gerade am Anfang treten die Jungpferde häufig, bedingt durch die natürliche Schiefe, auf einer Seite vermehrt mit der Kruppe nach innen, das korrigiere ich peut à peut durch meine Position. Anfangs stehe ich leicht vor der Schulter, hat das Pferd verstanden, was es machen soll, begebe ich mich immer mehr nach hinten. Bevor ich die Position ändere, muss aber gewährleistet sein, dass mein Pferd die kontrollierende Gerte akzeptiert und nicht nach vorne wegstürmt, sobald ich mich in eine eigentlich treibende Position begebe. In Verbindung mit meinem Stimmkommando dauert es nur wenige Male und die Pferde treten ohne sichtbare Hilfengebung zurück und bleiben stehen, sobald ich auch stehen bleibe. Auch hierbei muss das Pferd nach dem Rückwärtsrichten erst wieder anhalten, bevor es dann auf mein Kommando hin wieder nach vorne tritt. Je konsequenter man bei dieser Übung ist, desto sicherer wird das Pferd Stehen lernen, was sich auch später beim Aufsteigen oder unter dem Sattel als sehr vorteilhaft zeigen wird. Wie bei jeder gelungenen Übung loben und beruhigen wir auch hier das Pferd mit der Stimme. Es bewährt sich spätestens bei diesen Übungen keine Leckerlies zu verteilen, da die Pferde lernen sollten, den Kopf gerade zu halten und unseren persönlichen Raum zu respektieren.

DIE SICHT DER OSTEOPATHIN

Bei dieser Übung geht es in erster Linie um die Hankenbeugung. Hüft-, Knie- und Sprunggelenk werden gebeugt. Folglich entsteht ein Senken der Kruppe und ein Aufrichten der Vorderhand. Daraus resultiert, dass die Gewichtsverteilung auf die Hinterhand verlagert wird. Die Darmbeinschaufeln werden mobilisiert und die Tragkraft der Hinterhand wird gefördert. Man sollte darauf achten, dass das Rückwärtsrichten mit Ruhe und Konzentration ausgeführt wird.

Die Stute beäugt die Hilfengebung zum Rückwärtsrichten noch etwas skeptisch.

DAS KORREKTE GELASSENE STEHEN

Es kann sehr vorteilhaft für die weiterführende Arbeit mit den Pferden sein, wenn diese gelernt haben, geschlossen und ruhig zu stehen.

Kastella akzeptiert die Barriere durch die Gerte, die Ausbilderin steht bei dieser Übung auf Schulterhöhe, natürlich ebenfalls aufrecht und mit beiden Beinen „geschlossen".

Sei es später beim Aufsitzen oder beim Anhalten unter dem Sattel mit einem Jungpferd. Kritiker würden anmerken, dass das geschlossene Stehen mit der korrekten Hilfengebung unter dem Sattel einhergeht, was natürlich stimmt. Doch noch lange bevor ich mich in den Sattel setze, kann ich dem Pferd ein ruhiges, korrektes Stehen bereits am Boden verständlich machen.

Erst wenn die Pferde ruhig stehen, wieder angehen und die Gerte als vorwärts- und seitwärtstreibende Hilfen verstanden haben, beginne ich mit der Übung, die Pferde zu geschlossenem Stehen zu animieren. Bei der Übung handelt es sich um reine Fleißarbeit. Jedes Pferd kann das geschlossene Stehen lernen, in diesem Stadium fordert es nur eine sehr konsequente Handhabung des Ausbilders. Hierfür muss gewährleistet sein, dass sich die Pferde vertrauensvoll mit der Gerte abstreichen lassen. Nachdem ich das Pferd anhalte, drehe ich mich frontal zum Pferd und streife mit der Gerte das herausstehende Hinterbein von oben nach unten ab und schnalze bei Bedarf dazu. Meist folgt ein promptes Heben und Wiederabsetzen des Beines. Ich kann das so oft wiederholen, bis

Korrektes geschlossenes Stehen

Nach der Arbeit oder vor der Arbeit, je nach Temperamentszustand der Pferde, ist ein Führen durch unsere anliegende Allee eine willkommene Abwechslung.

beide Beine nebeneinander stehen. Sobald das Pferd das Bein anhebt, belobige ich es, auch das geschlossene Stehen wird sofort belobigt. Nach wenigen Versuchen stellen sich die Pferde fast automatisch geschlossen hin. Schwieriger wird es, wenn das Pferd mit dem äußeren Bein offen steht, ich tippe dann entweder das Bein an der Röhrbeinvorderseite oder die Kruppe von oben an und das bringt nach kurzer Zeit den erwünschten Erfolg. Entlastet das Pferd immer wieder ein Hinterbein, so habe ich mir bei Richard Hinrichs abgeschaut den Widerrist des Pferdes zu fassen und einen leichten Zug oder Druck, je nachdem welches Hinterbein entlastet wird, auszuüben. Resultat war ausnahmslos eine Belastung beider Hinterbeine.

ERGEBNIS GUTER BODENARBEIT

Durch die vorausgegangene Grunderziehung vom Boden aus ist es möglich, nahezu jedes Pferd auch bei Spaziergängen durchs Gelände kontrolliert und mit minimalsten Hilfen zu führen. Viele Besitzer lieben es, die jungen Ausbildungspferde an ihren „freien Tagen" durch ausgiebige Spaziergänge an das umliegende Gelände zu gewöhnen. Abwechslung dieser Art ist sehr wertvoll für die Psyche der Pferde, natürlich nur unter der Voraussetzung, dass die Pferde nicht in Gefahrensituationen außer Kontrolle geraten, sondern durch die Souveränität der Bodenperson an neuen Aufgaben wachsen.

FREILAUFEN

Im Anschluss an die Führübungen erfolgt immer ein ausgiebiges Laufenlassen, um dem Bewegungsdrang des jungen Pferdes gerecht zu werden.

01 Trakehnerstute Kastella hat einen enormen Bewegungsdrang. Junge Pferde müssen sich häufig frei bewegen dürfen, ansonsten fällt es ihnen schwer, sich zu konzentrieren.

02 Schön zu erkennen, wie die junge Stute ihren Hals und Schweif zum Balancieren einsetzt.

Bei uns bekommen die Pferde Gamaschen und eventuell Sprungglocken angelegt, da durch übermütige Sprünge hässliche Überbeine entstehen könnten und sich Pferde mit raumgreifender Bewegung schnell Ballentritte zufügen.
Hierbei sind wir anfangs zu zweit, um das Pferd möglichst nahe am Hufschlag zu halten. Das Laufenlassen ist elementar für die Arbeit mit dem Jungpferd, wir analysieren hier bereits Verhaltensmuster und Körperhaltung, was für den weiteren Ausbildungsweg sehr wichtig ist. Wie trägt das Pferd seinen Hals? Auf welcher Seite orientiert es sich mehr an der Bande? Auf welcher Hand kürzt es die Ecken ab? Selbstverständlich erfolgt das Laufenlassen in Ruhe, eigenständige Übergänge des Pferdes bestätigen wir mit der Stimme, so lernt das Pferd bereits die Stimmkommandos, ohne dass wir etwas von ihm fordern. Wir leiten die ersten Handwechsel durch die ganze Bahn nach Absprache ein und fördern auch hier ein gleichmäßiges beidseitiges Laufen. Eine Person begibt sich hierfür Richtung Hufschlag, so dass das Pferd den Richtungswechsel einleitet und die zweite Person begleitet diesen

01

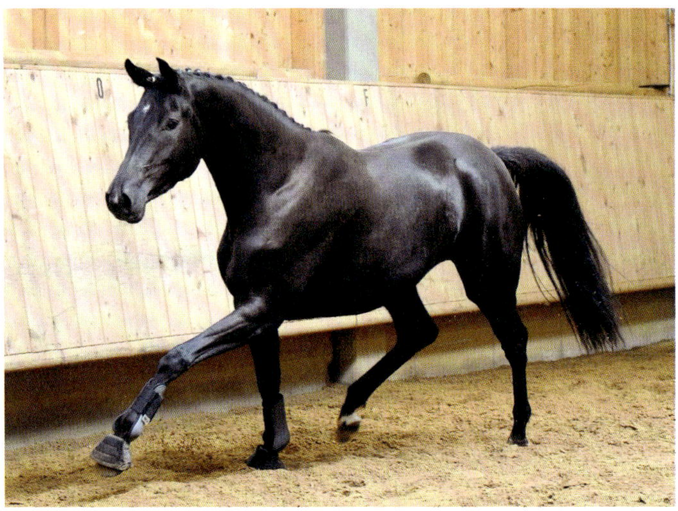

02

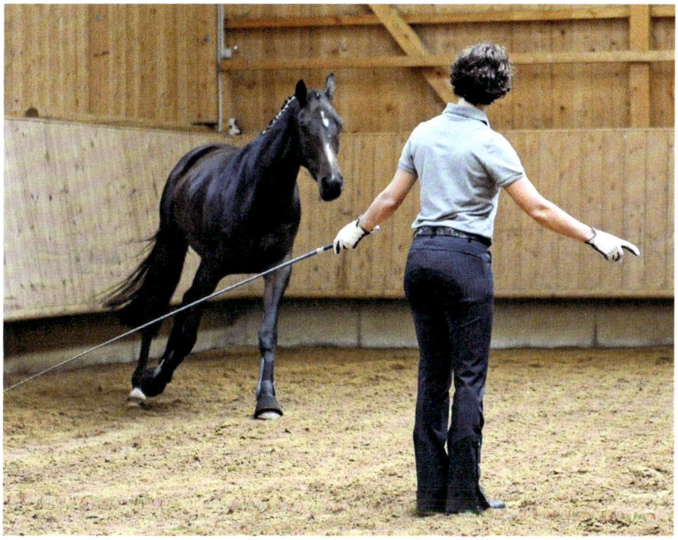

01

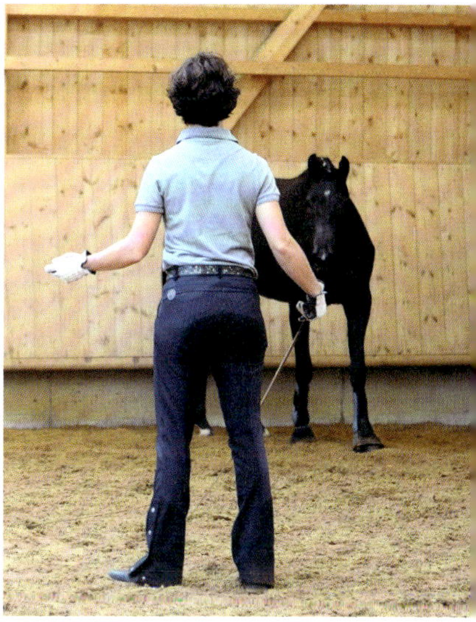

02

03

04

durch Körperhaltung und eventuelles Weisen in die neue Richtung. Später kann ich auch alleine Laufenlassen und die Handwechsel klappen auch ohne Hilfsperson, so wie ich sie mir wünsche. Ich wähle hierbei zunächst ein „durch die ganze Bahn wechseln", drehe meine äußere Schulter nach vorn, begrenze mit der Peitsche den Hufschlag und weise mit der Richtungshand in die neue gewünschte Richtung. Vor dem Verlassen der Bahn mache ich nochmals eine Übung zum Anhalten, um wieder die volle Aufmerksamkeit zu bekommen. Wird das Pferd auf dem Weg zur Box zu schnell und will mich überholen, reguliere ich es auch hier, indem ich die Gerte leicht anhebe und mich nicht auf ein stumpfsinniges Zerren am Führstrick einlasse. Denn Druck erzeugt Gegendruck – und den können wir bei der Pferdeausbildung nicht gebrauchen, vielmehr arbeiten wir mit Impulsen, um die Pferde aufmerksam und feinfühlig zu behalten. Viele Reitanlagenbetreiber untersagen ein Freilaufenlassen in der Halle. Für uns hat die freie Bewegung in der Halle in der Ausbildung mitunter oberste Priorität.

01 *Oh là là beim Handwechsel im Trab durch die halbe Bahn.*

02 *Trakehnerstute Kastella beim Handwechsel, der Ausbilderin zugewandt.*

03 *Das Laufenlassen endet immer mit der beruhigenden Aufforderung für das Pferd, sich zu uns zu drehen und anzuhalten. Dann können wir es wieder aufhalftern und an den Strick nehmen.*

04 *Der Gesichtsausdruck des Pferdes ist enorm wichtig und gibt uns immer Auskunft über den Vertrauensstand.*

GYMNASTIZIERENDE ÜBUNGEN

— *an Halfter und Kappzaum*

SEITLICHES MOBILISIEREN

Das seitliche Mobilisieren ist eine unverzichtbare Übung für alle Pferde. Die Pferde lernen erstmals, dass es neben dem Geradeaus auch noch ein Seitwärts gibt.

Die Arbeit dient vornehmlich dem Verständnis des Pferdes, Schultern und Hinterhand seitwärts zu bewegen. Wir akzeptieren eine Überstellung, -biegung und auch das damit einhergehende Ausfallen über die äußere Schulter und konzentrieren uns nur auf das Leichtwerden der uns zugewandten inneren Schulter. Es gibt Kritiker, die der Meinung sind: „Warum soll ich dem Pferd ein Seitwärts erklären, bei dem es lernt, aus dem Schwerpunkt herauszutreten?" Sogar als Antilektion, die gesundheitsschädlich ist, wird diese Übung von Kritikern bezeichnet. Mir hat die Erfahrung über viele Jahre gezeigt, dass das seitliche Mobilisieren und Übertreten von unvorstellbarem Wert ist, um Pferde zu gymnastizieren und geschmeidig zu erhalten. Hierbei kommt es natürlich auf die Dosierung und Geschwindigkeit an. Es gilt immer, die Übungen dosiert und mit Ruhe abzufragen. Bevor ich die Muskulatur kontrahiere, was bei den versammelnden Seitengängen vermehrt der Fall ist, dehne ich sie und fördere damit das Pferd in seiner Geschmeidigkeit. Auch habe ich keinerlei Probleme damit, die Pferde nach dem Mobilisieren wieder zu versammeln. Das Schließen und Versammeln der Pferde ist kein Hexenwerk. Versammelnde Seitengänge und die Piaffe kräftigen den Rücken und fördern die Hankenbeugung. Eine viel größere Herausforderung im Laufe der Pferdeausbildung stellt das Wechselspiel zwischen dehnungsbereiter, entspannter Muskulatur und Anspannung durch höchste Versammlung dar.
Zum Übertreten stelle ich mich seitlich vor das Pferd, fasse die Gerte wie einen Degen und berühre leicht die innere Schulter des Pferdes. Schon beim kleinsten Weichen belobige ich das Pferd und gebe mich mit wenigen Schritten zufrieden. Zu Beginn bewege ich mich auf einem kleinen Kreis, später bleibe ich in der Mitte stehen. Das Augenmerk liegt im Bewegen der inneren Schulter, die Hinterhand folgt der Bewegung automatisch. Das Pferd ist zu mir gestellt und gebogen, ohne dass ich dafür am Strick ziehen muss. Mein Blick ist auf den Kopf und die Vorhand des Pferdes gerichtet. Durch ein Weisen der Gerte vor die Brust und dem entsprechenden Stimmkommando halte ich das Pferd in dieser Übung an, lasse es kurz stehen und leite dann einen Richtungswechsel ein. Auch Frédéric Pignon sieht das „Dirigieren" der Schultern als Schlüssel für die feinste Kommunikation.

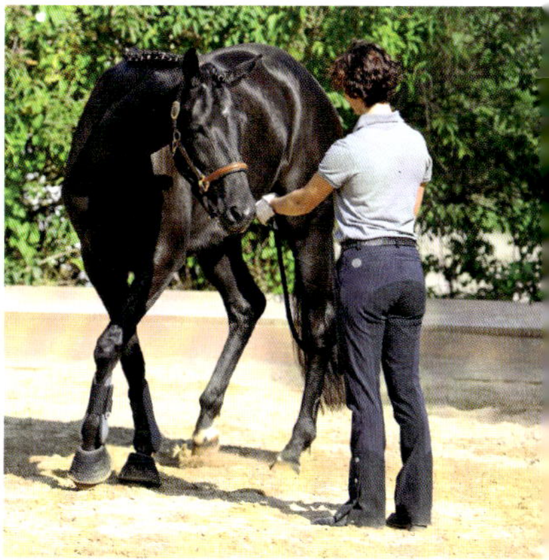

Junge Stute bei den ersten Versuchen überzutreten. Sie weicht mit der inneren Schulter von der Ausbilderin, ein übertriebenes Abbiegen des Halses wird in dieser Phase toleriert.

Die Stute ist nach rechts gestellt, biegt sich und bewegt das Gewicht von der rechten Schulter weg.

Sehr schnell spüren wir, dass dem Pferd eine Seite leichter fällt als die andere und wir auf einer Seite das Gefühl haben, dass sich das Pferd primär in seinem Hals biegt, aber nicht seitwärts gehen möchte. Da wir keine Begrenzung durch einen äußeren Zügel haben, akzeptiere ich das Ausweichen, versuche aber durch ruhiges Arbeiten und regelmäßiges Anhalten die äußere Schulter mehr und mehr zu kontrollieren, so dass das Pferd lernt gerader zu bleiben. Das Pferd hat nach bereits wenigen Schritten gelernt, auf eine Berührung der Gerte an der Schulter zu weichen, so dass es dann in der Regel ausreicht, die Gerte in Richtung Schulter zu bewegen und das Pferd wie durch Zauberhand seitwärts tritt. Ich mache sehr viele Richtungswechsel, um das Pferd aufmerksam zu halten, muss dazu jetzt nicht mehr anhalten, sondern gehe zwei Schritte zurück, lade das Pferd ein, auf mich zuzutreten, greife die Gerte um und weise mit einer Hand in die neue Richtung und begleite den Richtungswechsel mit der Gertenhand Richtung neue innere Schulter. Selbstverständlich arbeitet man das junge Pferd auf diese Art und Weise nur im Schritt und in einem ruhigen Tempo. In einer Arbeitseinheit mit dem Jungpferd dieses Ausbildungsstands sollten die Seitengänge nur wenige Minuten betragen.

SCHULTERKONTROLLE

Anschließende Übung ist der Handwechsel am Hufschlag, bei dem ich die Schultern kontrolliert in einer Art Hinterhandwendung bewege.

Es ist ein großer Vorteil, wenn die Pferde verstanden haben mit ihren Schultern durch feinste Hilfen von uns zu weichen, und ein Bewusstsein entwickeln, uns zu respektieren und einen Sicherheitsabstand wahren. Jeder kennt die Situation, dass ein sich erschreckendes Pferd in Richtung des Menschen springt. Gerade bei der Handarbeit habe ich oft die Situation sehr nah am Pferd zu stehen und durch die vorbereitende Bodenarbeit hat mich bis heute nie ein Pferd angerempelt oder umgerannt, auch wenn es sich noch so sehr erschrocken hat. Meine Position ist wie beim Führen auf Schulterhöhe. Zu Beginn nehme ich mir eine Ecke, ich führe das Pferd auf dem Hufschlug und trete dann einige Schritte seitlich zurück, um das Pferd zu mir „einzuladen". Es wird dann auf mich zukommen und ich signalisiere durch leichtes Anheben der Gerte in Schulterrichtung, dass die mir anfänglich zugewandte äußere Schulter wieder Richtung Hufschlag bewegt werden

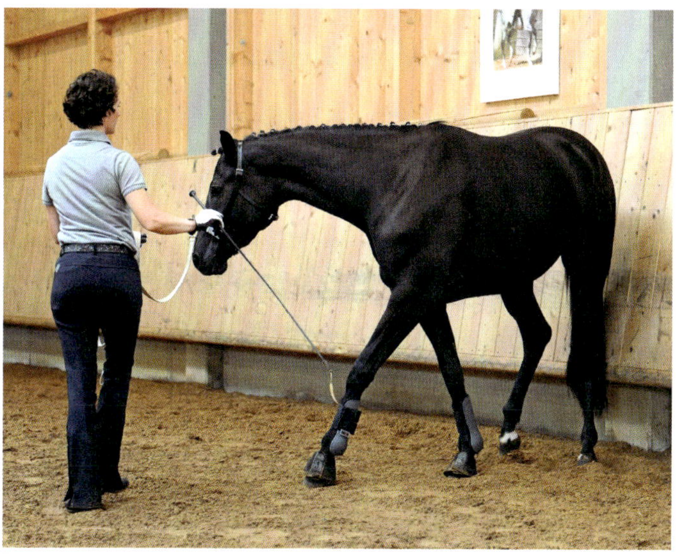

Die junge Stute stellt und biegt sich von alleine in Bewegungsrichtung und tritt mit der Hinterhand fleißig mit. Wäre dies nicht der Fall, müsste der Radius größer gewählt werden.

01

02

03

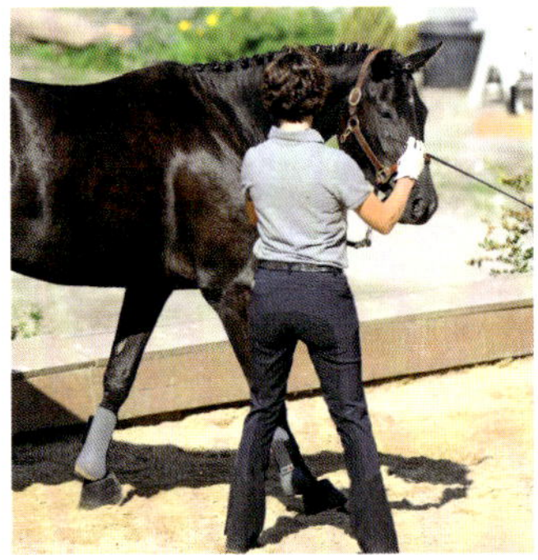

04

05

06

01 Kontrolle und Regulieren der Stute durch Anheben der Gerte, die Stute ist mit ihrer Aufmerksamkeit noch nicht ganz bei der Sache.

02 Die Ausbilderin geht einen Schritt zurück und begleitet die äußere Schulter in die neue Richtung.

03 Die Ausbilderin dreht sich und signalisiert dem Pferd über Körpersprache, den Richtungswechsel zur Bande auszuführen, die Gerte begleitet die äußere Schulter.

04 Handwechsel: Der Ausbilder muss dem Pferd genügend Platz lassen, bei der Übung zurücktreten und das Pferd zu sich „einladen“…

05 … und das Pferd dann bei aktiver Hinterhand wieder nach außen geleiten.

06 Am Hufschlag angekommen, wechselt man die Gerte wieder in die innere Hand.

soll und zur inneren wird. Das Pferd ist dabei in meine Richtung gestellt, was es aber ganz ohne Einwirkung alleine machen wird, da es das Weichen der Schulter zu mir gestellt und gebogen gelernt hat. Will das Pferd nach vorne stürmen, so hebe ich die Gerte regulierend an und halte gegebenenfalls sogar an. Diese Übung führe ich zu Beginn in einem größeren Radius aus und kann mit der Zeit die Wendung so weit verkleinern, dass das Pferd mit der Hinterhand fast am Hufschlag bleibt. Es ist aber darauf zu achten, dass die Hinterbeine nicht am Boden verharren oder sich das Pferd auf ihnen dreht, sondern fleißig mittritt. Zur Förderung der Symmetrie der Pferde ist es auch sehr wichtig, diese Übung wieder beidseitig zu machen.

ÜBERTRETEN AM KAPPZAUM

Diese Übung hat nicht nur körperliche Auswirkungen, sie fördert auch die Konzentration. Das Mobilisieren beider Seiten ist gut für die Symetrie des Pferdes.

Bevor ich die Pferde longiere, lasse ich sie gerne auch am Kappzaum einige Minuten übertreten. Damit kann ich zum einen vermeiden, dass die Pferde kalt an der Longe losschießen, zum anderen mobilisiere und dehne ich bereits die Muskulatur. Ich lasse die Pferde ruhig übertreten mit unterschiedlichen Kopf-/Halspositionen. Zu Beginn dürfen die Pferde gerne in der von ihnen gewünschten Haltung gehen, nach einiger Zeit hebe ich den Kopf der Pferde aber an und lasse sie in einer für viele sehr ungewöhnlich hohen Halsposition übertreten. Die äußere

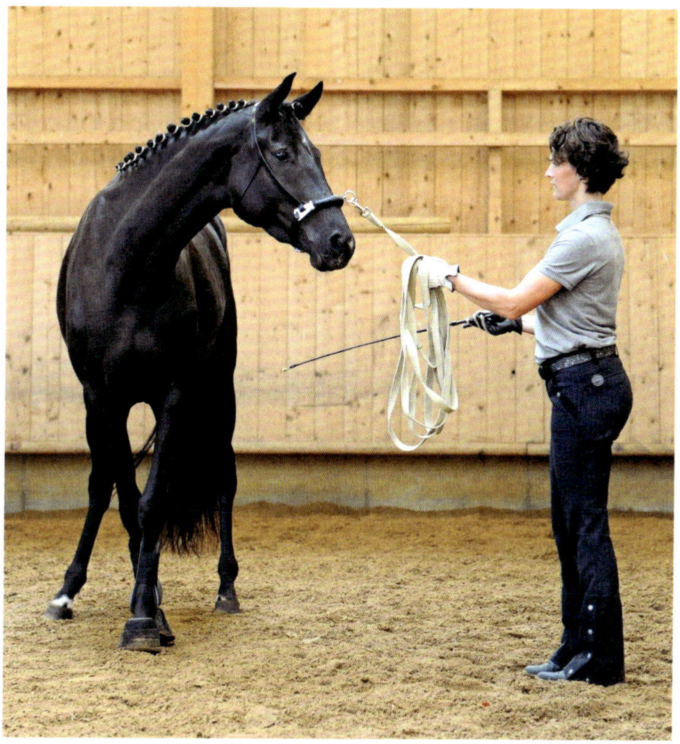

Die Stute wird einige Runden in ruhigem Schritt im Übertreten aufgewärmt.

AUFWÄRMEN DURCH ÜBERTRETEN AUS SICHT DER OSTEOPATHIN

Bei dieser Übung werden die Vorderhand und die Hinterhand in Abduktion und Adduktion bewegt. Durch diese Bewegung entsteht eine Mobilisation der Schulter und Hüftgelenke sowie eine Dehnung der Schultergürtel- und der äußeren Kruppenmuskulatur.
Vorausgesetzt, dass das Pferd keine Probleme in den Gelenken und keine anderen Erkrankungen des Bewegungsapparates hat, ist das Übertreten ein sinnvoller Einstieg in die Arbeit.

01

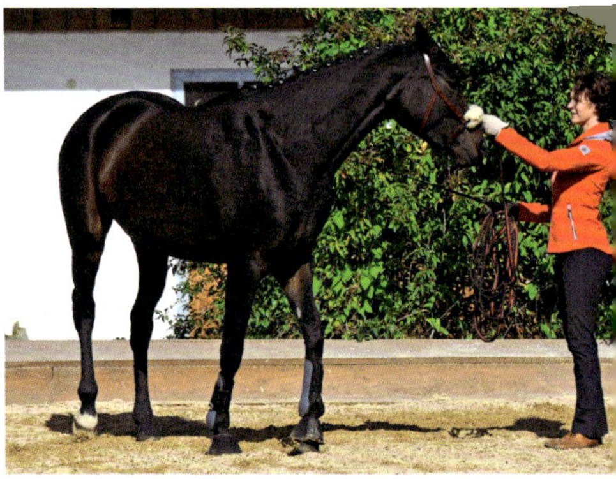

02

Halsmuskulatur und vor allem die oftmals stark ausgeprägte Unterhalsmuskulatur wird sichtlich mehr gedehnt, nach der Arbeit wirkt der Hals länger und schöner, obwohl wir ihn entgegen der gewohnten „beigezäumten" Haltung gearbeitet haben. Man kann förmlich zusehen, wie die Pferde durch diese unspektakuläre Arbeit aufmuskeln und geschmeidiger werden. Gerd Heuschmann sieht den wirksamen Lösungseffekt beim Übertretenlassen folgendermaßen: „Die herausragende biomechanische Wirkung dieser Übungen ist die lösende, entspannende Wirkung auf den Kruppen- und hinteren Rückenbereich" (Heuschmann, Balanceakt, S. 167).

In Ergänzung der biomechanischen Auswirkung auf den Kruppen- und Rückenbereich habe ich über die Jahre bei dieser Lektion zunehmend festgestellt, dass auch der Bereich rechts und links vom Widerrist (Trapezmuskel) stark profitiert.

So habe ich eine Sattlerin erlebt, die sich weigerte, einen Sattel für ein Jungpferd anzupassen, da dieser einen so schwach bemuskelten Rücken hatte. Die verzweifelte Besitzerin brachte das Pferd zur Ausbildung in unseren Stall und nach nur drei Monaten Bodenarbeit traute die Sattlerin ihren Augen nicht, als sie den Rücken erneut zu Gesicht bekam. Ein Heraustreten der Pferde unter dem Schwerpunkt nehme ich bei dieser Arbeit gerne in Kauf, die Hanken werden durch das Mobilisieren geschmeidig und indirekt auf die weitere Arbeit vorbereitet. Während all der Jahre, in denen ich mich intensiv mit der Handarbeit beschäftige, habe ich niemals das Problem gehabt, ein Pferd nicht mehr versammeln zu können, weil ich es zuvor durch Übertreten und Schenkelweichen gymnastiziert habe. Im Gegenteil, der biomechanische Zusammenhang ist nicht zu verleugnen, der Ausbilder muss das Pferd sinngemäß auf die weiteren Seitengänge und Lektionen vorbereiten.

Ich bleibe vor dem Pferd stehen und blicke auf seine Stirn, trage meinen Arm vor mir und gebe, wenn nötig, einen Aufwärtsimpuls am Kappzaum. Das Pferd soll aber seinen Hals selbst in dieser Position tragen und sich nicht in den Kappzaum reinhängen lassen. Wir geben also immer nur Impulse und keinen dauerhaften Zug. Auch bei dieser Übung

ANMERKUNG DER OSTEOPATHIN

Der M. trapezius ist Vorführer und Heber der gesamten vorderen Gliedmaße und hilft durch Abduktion beim Seitwärtstreten. Er besteht aus einem Halsanteil und einem Brustanteil. Durch das Seitwärtstreten entsteht eine Abduktions- und Adduktionsbewegung, wodurch der M. trapezius arbeitet und dadurch aufgebaut werden kann.

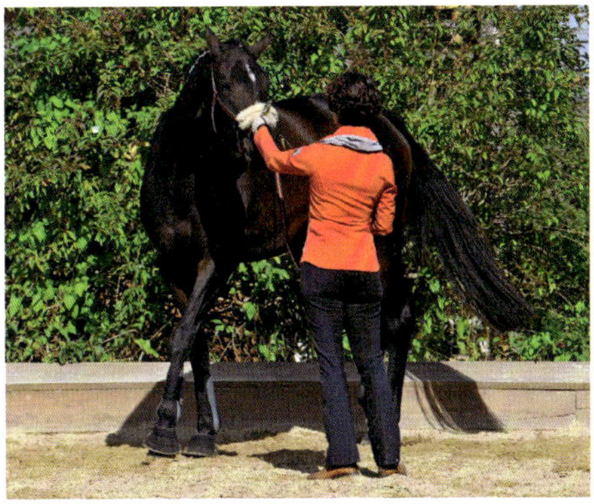

03

04

ANMERKUNG DER OSTEOPATHIN

Der M. brachiocephalicus ist Seitwärtsbieger von Kopf und Hals bei einseitiger Kontraktion. Durch eine gut aufgebaute Muskulatur wird die Vitalität des Körpers, die Stabilität, die Kraft und die Ausdauer positiv beeinflusst. Das ist ein wichtiger Schritt in Richtung Leichtigkeit. Somit hat das Pferd die besten Voraussetzungen für einen gesunden Bewegungsablauf und ein langes Leben.

nehmen wir in Kauf, dass das Pferd über die äußere Schulter weichen kann. Da aber das Augenmerk hier auf dem Dehnen und Geschmeidigmachen der Muskulatur liegt, ist das zu vernachlässigen. Die Peitsche oder Gerte zeigt Richtung Hinterhand, ich orientiere mich aber immer am Gemüt und Fleiß der Pferde und so lege ich keine Dogmen fest, was die Gerten- oder Peitschenposition bei der gesamten Arbeit betrifft. Die Reprisen werden kurz gehalten, viele Pausen gemacht, bei denen sich das Pferd strecken darf, und ich wechsele häufig die Hand.

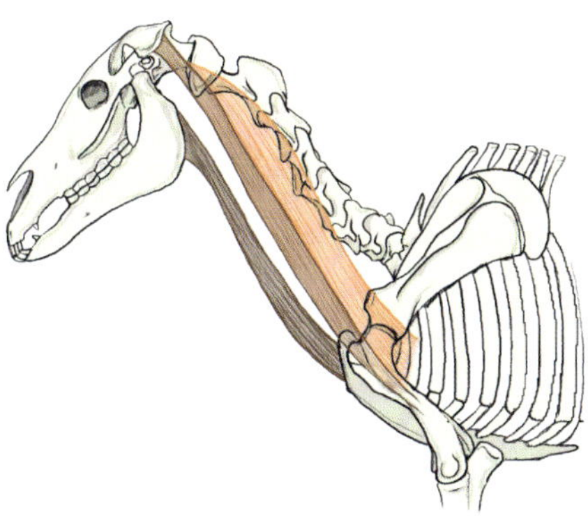

Die wichtigsten Unterhalsmuskeln enden am Unterkiefer, dem Zungenbein und dem Hinterhauptsbein des Schädels. Sie sind unter anderem für die Entspannung der Genickmuskulatur verantwortlich.

01 Vom Pferd bevorzugte Kopf-/Halsposition: Die Ausbilderin kontrolliert hier leicht die äußere Schulter visuell mit der Gerte, um das Pferd gerader zu halten. Das Pferd sollte aber so viel im Vorwärts bleiben, dass das Standbein nicht vom übertretenden Bein gestreift wird.

02 Hohe Kopf-/Halsposition: Gelegentlich muss der Ausbilder einen Schritt rückwärtstreten, um das Vorwärts-seitwärts des Pferdes zu gewährleisten.

03 Hintergrund der hohen Kopf-/Halsposition ist ein gezieltes Dehnen der unteren Muskelkette. Schön zu erkennen, wie der äußere schiefe Bauchmuskel „mitarbeitet".

04 Deutlich erkennbar ist die Dehnung des Kopfarmmuskels.

LONGIEREN

— *Abwechslung im Vorwärts-Abwärts*

DER NUTZEN

Longenarbeit ist viel mehr als stupides Zirkulieren und Müdemachen des Pferdes. Richtig ausgeführt unterstützt sie die Ausbildung des Pferdes.

Über das Longieren und die unterschiedlichen Methoden kann ein eigenes Buch geschrieben werden. Ich longiere alle meine Pferde, nachdem sie zuvor am Boden mit dem Ausbilder und den ersten Hilfen vertraut gemacht wurden und die bereits angesprochenen Übungen beherrschen. Erfahrungsgemäß vermeide ich viele Widersetzlichkeiten, wenn mich das Pferd bereits durch kleinste Körpersignale versteht.
Ich empfinde es als sehr angenehm, die Pferde für den Handwechsel flüssig durch den Zirkel wechseln zu lassen und somit für viel Abwechslung zu sorgen. Obligatorisch ist das Longieren zur Vorbereitung der Jungpferde zum Anreiten, aber auch Korrekturpferde können durch Longenarbeit profitieren, wenn sie nicht stumpfsinnig Runde um Runde über Tempo zirkuliert werden. Das richtige Longieren, welches das Pferd körperlich fördert, dient als gelungene Abwechslung im Pferdealltag.
Auch bei der Longenarbeit gilt es das Pferd zu studieren, den Bewegungsablauf und die Körperhaltung zu analysieren, um weitere Schlüsse für die nachfolgende Ausbildung zu ziehen. Ich longiere mittlerweile alle Pferde ohne Hilfszügel, da ich die Pferde nicht in ein Haltungsmuster pressen möchte, sondern mir wünsche, dass der Hals als „Balancierstange" genutzt werden darf. Die Körperhaltung gibt Aufschlüsse über mögliche körperliche Defizite oder Asymmetrien. Unter Ausbindern oder anderen Hilfszügeln ist es nicht möglich, das Pferd zu analysieren, somit stellt sich der Nutzen des Longierens für die weitere Ausbildung dadurch in Frage. Auf einer Seite wird sich das Pferd besser biegen und die Longe ist mehr gespannt. Auf der anderen Seite hingegen schaut es nach außen und fällt in das Innere des Zirkels. Folglich fällt die Galoppseite der hohlen, von Natur aus gebogenen Seite oft schwerer, weil das Pferd stark nach außen drängt. Eine begrenzende Bande gibt den Pferden Hilfe, da sie eine Anlehnung bekommen.
Wir wissen sofort, auf welcher Schulter mehr Gewicht lagert und nutzen diesen wichtigen Hinweis für die weitere Ausbildung. Hat das Pferd Schwierigkeiten, einen gleichmäßigen Takt zu finden, so kann ruhige Longenarbeit wahre Wunder bewirken, sofern sie mit Bedacht ausgeführt wird. Dabei helfen nicht selten Cavalettis, dem Pferd ein besseres Körperbewusstsein zu vermitteln. Sehr gute Erfahrungen habe ich mit

Die Longe und Peitsche werden beim Longieren gefühlvoll und dosiert eingesetzt, jeder Schritt des Pferdes genau beobachtet.

Die junge Bayernstute Oh là là lässt sich zu diesem Zeitpunkt nicht tiefer fallen – sie weiß, dass sie die Balance verlieren würde.

Cavaletti-Training bei „Gangpferden" gemacht, deren Grundgangarten durch diese Arbeit gefestigt werden. Das Longieren behält immer eine untergeordnete Rolle, da das Pferd nur bedingt gymnastiziert werden kann. Die Seitengänge der nachfolgenden Handarbeit sind unverzichtbar, um das Pferd geradezurichten und zu versammeln. Zur Orientierung: Eine Longeneinheit dauert selten länger als 30 Minuten.

AUSRÜSTUNG

Man benötigt einen gut sitzenden Kappzaum, eine Longe und der Ausbilder eine Peitsche. Auch beim Longieren sollte man Handschuhe tragen. Die Pferde bekommen Gamaschen und eventuell Sprungglocken angelegt.
Ich halte meine Longenhand feinfühlig in Bewegungsrichtung und gebe dem Pferd minimale Impulse, um zu signalisieren, dass es sich nach vorwärts-abwärts dehnen soll. Die Peitsche halte ich in treibender Position in Richtung Sprunggelenk des Pferdes, wobei ich bei sehr eiligen Pferden diese Position variieren muss. Ich wünsche mir, dass der Ganaschenwinkel weit aufgeht und der Rücken ins Schwingen kommt. Nicht jede Pferderasse ist mit dem Schwung der Warmblüter ausgestattet, aber auch ein Iberer kann beim Longieren Bewegungen im Rücken haben. Hier ist es nur viel schwieriger, den richtigen Takt und das richtige Tempo zu bestimmen, um das Longieren förderlich zu

gestalten. Wir müssen uns im Klaren darüber sein, dass unsere Pferde durch das Longieren immer vermehrt auf die Vorhand kommen, da wir ein Dehnen des Halses und somit die Gewichtsverlagerung auf die Schultern nicht vermeiden können. Dennoch erachte ich es als sehr förderlich, die Bewegung durch den Rücken zu fördern, kräftigen können wir den Rücken später durch Seitengänge und Piaffarbeit.
Es gilt, das Auge zu schulen und zu erkennen, wann das Pferd im Rücken schwingt und sich entspannt, dennoch aber mit Fleiß nach vorne fußt.

HANDWECHSEL

Als Vorbereitung für den fließenden Handwechsel durch den Zirkel an der Longe dient die Übung Schulterkontrolle.
Signal dafür bekommt das Pferd durch meine Körpersprache und das Anheben der Gerte, mit der die äußere Schulter kontrolliert und begleitet wird – diese Übung ist der erste Schritt auf dem Weg zu einem fließenden Handwechsel durch den Zirkel an der Longe.
Auch ist es sehr wichtig, viele Handwechsel einzubauen. Die Pferde lockern sich wesentlich schneller und die Balanceveränderung dient einer Verbesserung des Gleichgewichts auf gebogener Linie. Ich bevorzuge einen fließenden Handwechel durch den Zirkel. Die Vorbereitung und das Verständnis des Pferdes sind durch die Bodenarbeit bereits erarbeitet. Wer sich jedoch im Umgang mit der Longe oder auch aus anderen Gründen nicht absolut sicher ist, sollte sein Pferd immer auf der Zirkellinie anhalten und dann den Handwechsel geführt begleiten.

Oh là là stellt und biegt sich in die neue Bewegungsrichtung.

01

02

03

04

05

☞ HANDWECHSEL

01 Ich greife die Peitsche um und signalisiere ein Kontrollieren der Vorhand. Dann gehe ich einen Schritt zurück, um das Pferd zu mir einzuladen und weise dann mit der neuen Longenhand in die gewünschte Richtung, genau wie beim Handwechsel beim Laufenlassen oder der Bodenarbeit. Die Schulter des Pferdes dirigiere ich mit der Peitsche in die gewünschte Richtung. Das Pferd sollte auf einem kleinen Radius wechseln und schnell wieder auf die neue Zirkellinie geleitet werden, so dass die Longe nicht Gefahr läuft, auf dem Boden zu hängen.

02 Mit der Longenhand wird die neue Richtung angezeigt.
Zunächst lasse ich die Pferde nur im Schritt wechseln, später aber, wenn der Handwechsel sicher verstanden ist, kann ich ihn auch im Trab und Galopp machen lassen. Das bringt Dynamik und Abwechslung. Voraussetzung ist, dass die Pferde sofort wieder auf die Zirkellinie wechseln und keine Gefahr besteht, dass das Pferd auf die Longe tritt. Der Longenführer muss bei den Handwechseln im Galopp schnell und geschickt sein. Die Pferde springen oftmals einen Fliegenden Galoppwechsel ganz von alleine und wenn nicht, dann pariere ich durch und lasse sie neu angaloppieren. Handwechsel ausgeführt im Trab oder Galopp dürfen nicht mit anschließendem „Davonstürmen" quittiert werden. Die Pferde dürfen dynamisch, aber niemals panisch oder hektisch sein. Wird ein Pferd durch solche Übungen eilig, begnügt man sich mit einem Handwechsel im Schritt.

03 Handwechsel im Trab

04 Handwechsel im Galopp – nur wer sich sicher bei dieser Übung ist und die Schultern vom Pferd schnellstmöglich kontrollieren kann, sollte sich an diesen Wechsel herantrauen.

05 Dynamischer Handwechsel im Galopp. Schön zu erkennen, wie die Stute die Last auf die Hinterhand nimmt.

ABKAU- UND BIEGEÜBUNGEN

— *unterstützend in vieler Hinsicht*

MAULTÄTIGKEIT

Jeder Reiter wünscht sich bei seiner Arbeit ein kauendes Pferd, da dies ein Zeichen eines entspannten Genicks ist. Kaut das Pferd, wird es in der Regel leicht in der Hand.

In Vorbereitung zum Reiten oder auch bei Korrekturpferden, welche nicht mehr kauen, weil sie körperlich so verspannt sind, empfehlen sich verschiedene Übungen, um schon vor dem Aufsitzen eine verbesserte Geschmeidigkeit des Genicks zu erreichen. Das Auslösen von Kaureflexen ersetzt natürlich nicht die in Bewegung erreichte Durchlässigkeit durch einen geschmeidigen tätigen Rücken bei aktiver Hinterhand. Dennoch lassen sich die positiven Auswirkungen der Maultätigkeit auch im stehenden Zustand nicht abstreiten.
Kritiker finden auch hier wieder einen Ansatz, dass die Pferde, wenn sie korrekt ausgebildet sind, einen gut arbeitenden Rücken, ein geschmeidiges Genick haben und demzufolge ein tätiges Maul haben sollten. Die Praxis zeigt aber andere Bilder. Viel zu häufig sehen wir zugeschnürte Mäuler sogar schon in jüngstem Alter. „Ohne geschmeidiges Genick gibt es keine Balance, also keinen schwingenden, durchlässigen Rücken" (Heuschmann, Balanceakt, S. 171).
François Baucher hat schon um die letzte Jahrhundertwende die Bedeutung des Kauens für das Genick beschrieben. Die „Cession de Machoire", das Lösen des Kiefers, ist der Schlüssel allen weiteren Reitens in Balance. Diverse Abkauübungen haben sich in der Praxis sehr bewährt, so ist es möglich die Pferde durch verschiedene Übungen zu entspannen, zu lockern und verschiedene Muskelpartien zu dehnen. Pferde mit ausgeprägter Unterhalsmuskulatur kann man durch diese Übungen formen. Wir wenden die Übungen bei fast allen Pferden an, ob jung oder alt. Junge Pferde können auf die Art und Weise mit dem Gebiss vertraut gemacht werden, bei den älteren Pferden, meist Korrekturpferde, hilft man mit gezielten Übungen, ganze Muskelpartien zu entspannen und zu deblockieren. Nicht nur Unterkiefer, Kiefergelenk und Zungenbein werden mobilisiert, sondern auch diverse Halsmuskeln gilt es bei den Übungen zu dehnen. Warum nicht schon vom Boden aus anfangen und dem Pferd verständlich machen, was wir später auch unter dem Sattel von ihm wollen? Das eine schließt das andere nicht aus! Ziel ist es, dass das Pferd lernt, durch sanftes Annehmen des Zügels im Unterkiefer nachzugeben. Nichts desto trotz ersetzen diese Übungen nicht das Reiten, die Bewegung unter dem Sattel, die gerittenen Lektionen und ich sehe es als

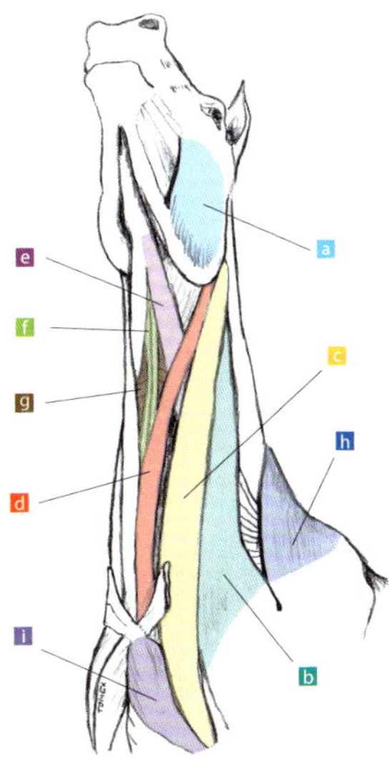

Zungenbeingruppe von unten während des Anheben des Kopfes:
a M. masseter
b M. brachiocephalicus
c M. sternomandibularis
d M. sternohyoideus et m. sternothyreoideus M. omohyoideus
f M. sternohyoideus
g Trachea (Luftröhre)
h Pars cervicalis des M. trapezius
i M. pectroralis descendens

eine praktikable Vorbereitung oder auch Korrekturmaßnahme. Es reicht natürlich nicht aus, nur Teilbereiche eines Pferdes zu bearbeiten. „Niemand behauptet, dass einzig mittels solcher Bewegungen an der Hand wahre und reine Leichtheit zu erreichen sei" (Nuno Oliveira). Nicht alle Pferde benötigen Abkauübungen. Pferden, die mit einem natürlichen Gleichgewicht, einem gesprächigen Maul und einem guten Halsansatz ausgestattet sind, reicht es sicherlich, an der Hand und unter dem Sattel gymnastiziert zu werden.
Kritiker der Abkauübungen raten davon ab, weil es einige Pferde, speziell Hengste, zum Beißen animiert. In der Tat ist bei Hengsten erhöhte Aufmerksamkeit geboten, so sollte die Grunderziehung stimmen und die Pferde sollten ein klares Kauen mit anschließendem Abschlucken zeigen, fast so als wollten sie das Gebiss verschlucken.

DAS ZUNGENBEIN AUS SICHT DER OSTEOPATHIN

Das Zungenbein (Os hyoideum) ist ein Gebilde aus knorpeligen und knöchernen Anteilen und befindet sich im Unterkiefer (Mandibula) des Pferdes. Das Zungenbein liegt im Zungenuntergrund und verbindet die Zunge mit dem Kehlkopf und der Schädelbasis. Eines seiner wichtigsten Funktionen ist die Beteiligung am Schluckakt. Sieht man Pferde mit wenig Maulaktivität und Problemen beim Abschlucken während der Arbeit, ist dies oft die Auswirkung einer Blockade im Zungenbein.
Das Zungenbein hat unter anderem eine Verbindung zum Schläfenbein (Os temporale). In der Osteopathie wird vermutet, dass Läsionen im Os hyoideum das Gehör beeinflussen können. Das wiederum bedeutet, dass ein blockiertes Zungenbein zu Gleichgewichts- und ataktischen Störungen des Bewegungsapparates führen und somit eine komplette Disbalance des Körpers hervorrufen kann. Die Ursachen einer Blockade des Zungenbeins liegt in vielen Fällen in der Hand des Menschen. Ein zu starkes Zerren oder Festhalten am Zügel wenn das Pferd mal stolpert oder den gewünschten Anforderungen nicht gerecht wird ist keine Seltenheit. Ein weiterer Punkt ist das Thema Zähne. Oft können Zahnprobleme zu immer wiederkehrenden Blockaden im Unterkiefer führen und somit eine Läsion des Zungenbeins hervorrufen. Des Weiteren kann sich das Os hyoideum natürlich auch durch fasziale und muskuläre Verspannungen verschieben, sowie durch Probleme im craniosacralen Bereich. Durch Abkauübungen können kleinere Läsionen im Gewebe mobilisiert und Muskelpartien gedehnt werden. Ist das Zungenbein jedoch stärker blockiert sollte ein Osteopath hinzugezogen werden, der die Blockaden behebt. Beim Reiten oder bei der Handarbeit ist es also sehr wichtig, dass das Pferd ein mobiles Zungenbein hat, das frei von Läsionen ist, da es entscheidende Funktionen einnimmt, einen maßgeblichen Anteil am Abschlucken hat und somit einer der entscheidendsten Knochen im Körper ist.

ANHEBEN DES KOPFES

Bei dieser Übung hebe ich den Kopf des Pferdes an, bis der Nasenrücken parallel zum Boden ist. Achten Sie darauf, dass der Kopf gerade ist und sich mittig zwischen den Schultern befindet und das Pferd sich nicht verwirft. Reicht eine leichte Trenseneinwirkung in Richtung Maulwinkel nicht aus, so „massiere" ich die Zunge des Pferdes mit sanften kreisförmigen Bewegungen Richtung Maulwinkel und animiere das Pferd so, den Unterkiefer zu öffnen. Der Ganaschenwinkel öffnet sich und die Pferde fangen an, den Unterkiefer, das Kiefergelenk und das Zungenbein zu entspannen. Richtig durchgeführt löst die Nachgiebigkeit des Unterkiefers eine Schluckbewegung aus. Die Unterhalsmuskulatur wird, wie man schön erkennen kann, gedehnt. Das Pferd sollte alle vier Beine möglichst gleichmäßig belasten und gerade stehen. Nach wenigen Sekunden senke ich meine Arme und lasse das Pferd sich nach unten strecken. Diese Übung wiederhole ich bis zu 5-mal immer nur für wenige Sekunden. Herr Dr. Stodulka beschreibt in seinem Buch „Das Phänomen François Baucher" die Cession de Machoire sehr ausführlich mit Bebilderung der Zusammenhänge der Aubkauübungen und der Muskulatur.
Auf dem Foto oben rechts ist gut zu erkennen, dass sich das Pferd nicht genug nach vorne streckt und sich somit der Dehnung der Halsmuskulatur und dem Öffnen der Ganaschen entzieht. Die Unterhalsmuskulatur wirkt sehr dominant. So ausgeführt hat diese Übung keinen körperlichen Nutzen. Ich korrigiere dies, indem ich zusätzlich zum Impuls in den Maulwinkel, einen leichten Druck auf das Genick ausübe und das Pferd animiere, den Hals aus dem Widerrist heraus nach vorne zu strecken. Nach den Abkauübungen erkennt man einen augenscheinlich schöner geformten Hals. Es ist wie nach dem Reiten – auch hier soll das Pferd nach getaner Arbeiter schöner ausschauen als vorher.

Ein Anheben reicht nicht aus, es muss gezielt eine Dehnung erreicht werden.

Durch diese Übung entspannt F. Baucher das Genick des Pferdes bereits am Boden.

Abkauübung: Korrektes Anheben des Kopfes bis zur Horizontalen und Auslösen der „Cession de Machoire" bei gedehnter Unterhalsmuskulatur

Fantasmas Hals nach den Abkauübungen

Quite Calypsos Muskulatur wird gedehnt. Fast täglich haben wir uns seiner Fehlbemuskelung zuerst mit Abkau- und Biegeübungen gewidmet.

BEISPIEL QUITE CALYPSO

Die Aufnahmen sind nach 6-monatigem Aufenthalt bei uns entstanden. Wir haben den Wallach 5-mal die Woche gearbeitet, einmal die Woche ging er ins Gelände und einen Tag hatte er komplett frei auf der Koppel verbracht. Die ersten zwei Monate haben wir ausschließlich vom Boden aus gearbeitet. Sein Hals war Richtung Genick sehr breit und mit Beulen und Verhärtungen versehen. Im vorherigen Stall sagte man der Besitzerin, dass sei normal, dass hätten fast alle Pferde. Auch sehr auffällig waren zwei überdurchschnittlich proportionierte Muskelstränge im Lendenbereich und gleichzeitig eine Muskelathrophie in der Sattellage (Trapezmuskel).

Wir haben uns sehr intensiv mit den Abkauübungen und Dehnübungen des Halses beschäftigt. Als Reaktion konnte man bei Quity oft ein minutenlanges Gähnen erkennen, was in diesem Fall als deutliches Entspannungsmerkmal zu erkennen war. Er hat uns eindeutig signalisiert, dass ihm das Strecken guttut. Nach ungefähr drei Monaten waren die Verhärtungen am Hals verschwunden. Wir haben ihn mit hohem Genick gearbeitet, was für ihn völlig neu war. Er war es gewohnt, sich hinter dem Zügel zu verkriechen und in einem „Pseudo-Vorwärts-Abwärts" sein Heil in der Tiefe zu suchen. Meist im falschen Knick. Eine Korrektur aussschließlich aus dem Sattel heraus war in seinem Fall undenkbar.

DIE SICHT DER OSTEOPATHIN

Wenn Pferde nach der Arbeit gähnen, ist es oft nicht nur ein Zeichen von Müdigkeit. In den meisten Fällen zeigt es, dass das Pferd konzentriert mitgearbeitet hat und das gerade Erlebte verarbeitet. Es kann aber auch ein Versuch sein, das Zungenbein (Os hyoideum) und das Kiefergelenk (Art. temporomandibularis) zu mobilisieren. Das Gähnen und Kauen ist des Weiteren ein Zeichen dafür, dass sich etwas löst und/oder das Gewebe entspannt.

DIE ⅛-BIEGUNG

Ich positioniere mich parallel zum Pferd und greife die Backenriemen unmittelbar über dem Gebiss zwischen Zeigefinger und Daumen. Bei Pferden, welche sich mit dem Kaureflex schwer tun, empfiehlt es sich, auch in den Gebissring zu greifen. Dann übe ich einen leichten Druck in Richtung Maulwinkel aus und animiere das Pferd zum Kauen. Mit einem geschmeidigen Unterkiefer lässt sich das Genick in die gewünschte Position bewegen. Die Ohren sollten auch hier unbedingt parallel sein, damit sich das Pferd nicht verwirft. Eine korrekte Stellung ist nur möglich, wenn ein entspanntes Genick vorliegt und der Ganaschenwinkel offen ist. Bei dem abgebildeten Junghengst, welcher über keine Ganaschenfreiheit verfügt und welcher tendenziell dazu neigt, zu eng im Hals zu werden, hilft das Auslösen des Kauens und Geschmeidigmachen des Genicks bereits vom Boden enorm.

Nuno Oliveira: „Würde man diese Kieferbewegung durchführen, indem man erst die Stellung , dann die Entspannung verlangt, fiele man dem Irrtum anheim, den Pferdehals aufzuweichen, ihn falsch zu platzieren, würde völlig jenen recht geben, welche den Gebrauch dieser Bewegung gering schätzten. Ginge man so vor, würde man mit Gewalt eine Stellung herbeiführen und nach Einsatz der Gewalt das Pferd dazu bringen, in einer ungezwungenen Stellung nachzugeben. So herbeigebogene Pferde geben nur und unter großer Mühe in

Die Stellung des Genicks, auch sogenannte ⅛-Biegung oder zu Kavalleriezeiten „das Abbrechen“ genannt.

Ohne eine korrekte Stellung werden wir niemals eine korrekte Biegung erreichen.

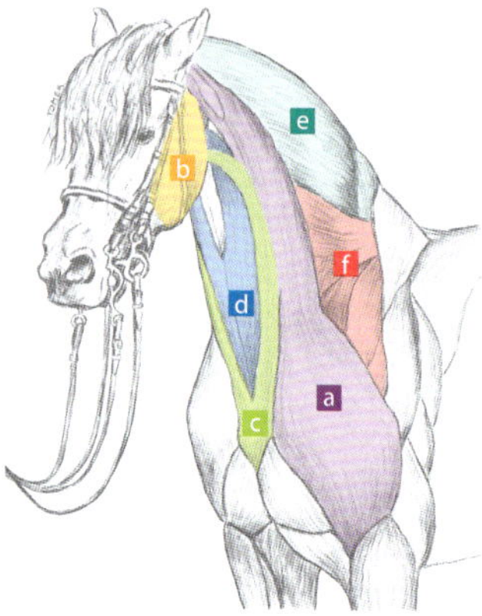

Angesprochene Muskulatur in der ⅛-Biegung

abgekürzten Gängen nach und legen sich in gestreckten Gangarten auf die Hand" (Nuno Oliveira: Gedanken zur Reitkunst, S. 79).
Die Anatomie des Pferdes erlaubt ein solches Abbiegen nur korrekt gestellt, wenn der Nasenrücken vor der Senkrechten ist:
„Ein Pferd das mit der Nasenlinie hinter der Senkrechten geht, rotiert im Genick hinter die Vertikale nach unten. Die Nase zeigt also in Richtung Unterhals oder Brust, zumindest nach rückwärts. Links und rechts aus der Schädelbasis, etwa auf Höhe des Gehörgangs, ragt ein jeweils etwa zeigefingerlanger Knochenvorsprung nach hinten. Bei einer Genickbeugung hinter die Senkrechte der beschriebenen Nasenlinie heben sich diese Knochenvorsprünge unter die Flügel des ersten Halswirbels und blockieren dadurch das Genick für jede Seitwärtsbewegung, d.h. eine Stellung im Genick ist unmöglich geworden" (Gerd Heuschmann, Balanceakt, S. 155).

Quite Calypso in der ⅛-Biegung mit Geschmeidigmachen und Einforderung vom Nachgeben des Unterkiefers

Diese Stellung darf bei sehr steifen Pferden einige Male hintereinander mit Pausen abgefragt werden.

SEITLICHES ABBIEGEN

Diese starke Abbiegeübung im bis zu 90-Grad-Winkel ist nicht anzuwenden bei Pferden, die zu einer Hypermobilisation im Hals neigen, da beschränke ich mich auf die ⅛-Biegung, um nicht Gefahr zu laufen, Kopf und Hals vom Rest des Pferdes zu unabhängig zu machen. Denn dann wäre der positive Effekt auf das Gesamtgefüge nicht vorhanden, wie schon Robert Stodulka in seinem Buch „Das Phänomen François Baucher" festgestellt hat. Der positive Effekt durch Paraden und der damit ausgelösten Cession de Machoire, eine Auswirkung bis auf die Hanken zu erreichen, ist nur bei einer stabilen Halsbasis möglich.

Nach Beobachtung einer beeindruckenden Trainingseinheit habe ich einmal eine sehr bekannte deutsche Turnierreiterin, welche für feinste Pferdearbeit und artgerechte Haltung steht, gefragt, ob sie ihre Pferde nicht seitlich abbiegt wie, man es so oft sieht, was sie verneinte. Mittlerweile erkenne ich den Zusammenhang, welcher ihr wahrscheinlich zu den großen Ausbildungserfolgen verhilft. Denn Paraden wirken nur auf die Hanken, wenn eine stabile Halsbasis vorhanden ist.
Nicht nur bei Baucher, sondern auch in Deutschland wurden Abbiegeübungen bereits seit dem 17. Jahrhundert angewandt, um die Dressur mit dem Pferde zu erleichtern oder dessen Gehorsam herzustellen. Doch war hier der Grundgedanke nicht nur, das Pferd geschmeidig zu machen, und es nach dem Sinne der Leichtigkeit zu arbeiten. Ich finde, es ist erwähnenswert, dass die Reiterei und alles, was dazu gehört, nicht neu erfunden werden sollten, sondern dass wir viele Dinge

Seitliches Abbiegen mit Einforderung des Kau-/Schluckreflexes

Seitliches Abbiegen im Stehen vom Boden aus mit Genick als höchstem Punkt und Auslösen der Cession de Machoire zur Lösung des Unterkiefers

Der Nasenrücken ist vor der Senkrechten und man erkennt das leichte Anheben des Gebisses in Richtung Maulwinkel und das Auslösen der Cession de Machoire.

wieder aufgreifen müssen, die mittlerweile in Vergessenheit geraten sind und doch so nützlich sein können.

Ich orientiere mich bei den hier gezeigten Übungen an der Gedankenwelt Bauchers, welcher bei Verspannungen oder Widerständen immer den Ursprung in der Anlehnung, also im Maul und Genick sah.

Wenn wir im Vorhinein das junge Pferd mit Abkau- und Biegeübungen lockern und formen können und das Korrekturpferd mit denselben Übungen wieder deblockieren, warum sollte ich auf Druck und physische Gewalt zurückgreifen, wenn ich nicht mehr weiterkomme? Denn nicht selten sieht man Reiter, die um eine korrekte Stellung zu erreichen, am inneren Zügel regelrecht anreißen und gleichzeitig mit den Sporen im Pferd hängen, nach dem Motto „von hinten nach vorne" muss die Losgelassenheit erreicht werden. Dass das auf diese Art und Weise aber nicht dem Sinne der deutschen Reitlehre entspricht, wollen viele nicht wahrhaben, weil doch so viele unserer großen Turniergrößen genau das praktizieren und mit goldenen Schleifen belohnt werden.

Nuno Oliveira schreibt in seinem Buch „Gedanken über die Reitkunst": „Die Kritiken der deutschen Meister seiner Zeit besonders an den Baucherschen Halsbiegungen sind alle irrig. Sie sind Furcht einer unterschiedlichen Auffassung vom Leichtheit."

Der abgebildete Junghengst hat einen sehr festen Hals mit stark ausgeprägter Unterhalmuskulatur und neigt keinesfalls zur Hypermobilisation, wodurch die Arbeit einen positiven Effekt auf die Geschmeidigkeit des Halses hat.

Bei allen Übungen habe ich immer im Sinne, das Pferd körperlich zu fördern und ihm ein besseres Körperbewusstsein zukommen zu lassen. Durch die Abkauübungen und das Mobilisieren des Unterkiefers wird das Pferd auf die Zügelhilfen sensibilisiert und man kann mit feinsten

Paraden das Pferd zum Kauen bringen. Dadurch wird es das Genick lockern und wir können es leichter stellen und biegen. Doch nicht nur das Genick und die Halsmuskulatur, wie man im ersten Moment meinen könnte, profitieren von diesen Übungen, sondern u. a. auch der lange Rückenmuskel und der Trapezmuskel. Das bedeutet durch das An- und Abspannen der Muskulatur kann ich auch einen positiven muskelaufbauenden Effekt erzielen, welcher zum Aufbau einer guten Sattellage des Jungpferdes wichtig ist und Korrekturpferde mit Muskelatrophien an der Sattellage beim Aufbau unterstützen kann.
Auch bei dieser Übung positioniere ich mich parallel zum Pferd und greife die Backenriemen unmittelbar über dem Gebiss zwischen Zeigefinger und Daumen oder gegebenenfalls in den Gebissring. Dann übe ich einen leichten Druck in Richtung Maulwinkel aus und animiere das Pferd zum Kauen. Mit einem geschmeidigen Unterkiefer lassen sich Genick und Hals in die gewünschte Position bewegen. Die Ohren sollten auch hier unbedingt parallel sein, damit sich das Pferd nicht verwirft. Der Ganaschenwinkel muss offen sein und der Nasenrücken vor der Senkrechten. Der Vorteil, sich nicht seitlich neben das Pferd zu stellen und den Hals zu sich zu biegen was auch geht, ist der, dass das Ausweichen der Hinterhand bei dieser Position besser zu kontrollieren ist. Wie in der Illustration unten gut zu erkennen ist, ist der lange Rückenmuskel bei der Übung beteiligt. Biegen wir das Pferd auf der steifen Hand, wird die verkürzte Muskulatur der anderen Seite gedehnt, was oftmals mit einem Ausfallschritt der Hinterhand quittiert wird. Wie bei allen Übungen tasten wir uns langsam an die Biegsamkeit heran und erhöhen den Grad der Abstellung sukzessive.

DAS RICHTIGE GEBISS

Die Wahl des richtigen Gebisses, einfach gebrochene Wassertrense, doppelt gebrochene, oder evtl. eine Stange, überlasse ich den gefühlvollen Pferdebesitzern und der Anatomie des einzelnen Pferdemaules. Lediglich auf eine Hebelwirkung im Gebiss sollte verzichtet werden, um das Genick nicht aktiv beizuzäumen.

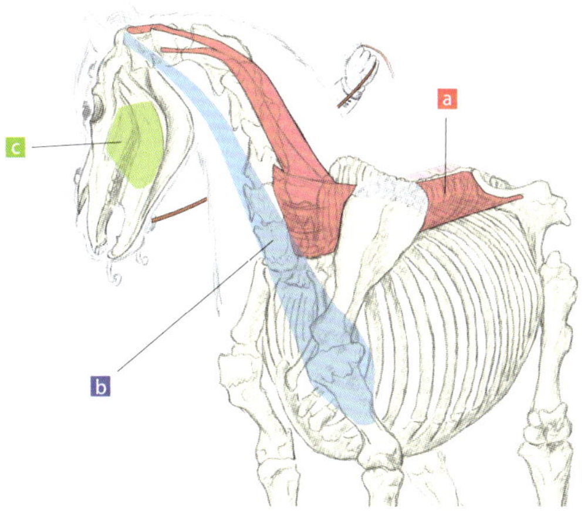

Seitliches Abbiegen nach Baucher. Durch das starke Abbiegen zur Seite wird wie im Bild der linke lange Rückenmuskel (M. longissimus dorsi) (a) sowie der Kopfarmmuskel (M. brachiocephalicus) (b) vor allem im cervikothoralen Übergang deutlich angesprochen und somit eine muskelentspannende Wirkung erziehlt. Entspannter M. masseter (c).

MOBILISIERENDE SEITENGÄNGE

— *auf Trense*

DIE ZIELE

Warum sind Seitengänge so wichtig? Wieso reicht das Arbeiten im Vorwärts-abwärts nicht aus? Antworten finden Sie in diesem Kapitel.

Anja Beran und Dr. Gerd Heuschmann haben in dem Buch „Aus Respekt" das Thema Mobilisation durch Seitengänge aus Ausbilder- und tierärztlicher Sicht ausführlich erörtert. Sie sind der Ansicht, dass das Übertreten in den Seitengängen die Abstimmung eines Pferdes auf die vorwärts-seitwärts treibenden Hilfen verbessern, die Hintergließmaßen näher an den Schwerpunkt heranführen sowie die Gliedmaßen und die Stammesmuskulatur dehnen kann.
Anja Beran äußert sich zum Thema Mobilisieren in ihrem Buch „Klassiche Reitkunst":
„Das Ziel der Ausbildung ist es, dass ich mein Pferd prompt in alle Richtungen bewegen kann, ähnlich einer Kugel, die jederzeit vorwärts, rückwärts und zur Seite rollen kann. Dafür muss es sich geschmeidig biegen und stellen lassen. [...] Vorhand und Hinterhand sollen jederzeit vom Reiter bewegt werden können, ohne dass das Pferd Widerstand leistet oder verzögert reagiert."
Um gesund zu bleiben, muss das Pferd, wenn es unter den Sattel soll, so gearbeitet werden, dass es sein Gewicht anders verteilt, als die Natur es ihm vorgibt. Schon das stehende Pferd trägt ungefähr 55 – 60 % seines Gewichts auf der Vorhand und nur 40 – 45 % auf der Hinterhand. Unser Ziel ist es, das Pferd durch gezielte Aufgaben so zu gymnastizieren, dass es durch die richtige Nutzung des Federmechanismus der Hanken gesundheitlich, bei der Arbeit mit uns, nicht zu Schaden kommt – sondern sogar körperlich gefördert wird.
Wir orientieren uns bei der Dauer und Ausführung aller Lektionen immer an der Beschaffenheit des Pferdes. So wird ein junges Pferd mit wenigen Schritten gearbeitet, ein Korrekturpferd, welches körperlich ausgereift ist, intensiver. Der Ausbilder muss immer Übersicht über die Konstitution der Pferde haben und individuell auf deren Bedürfnisse eingehen.
Wir beginnen mit einem Übertreten und machen das Pferd mit den seitwärtstreibenden Hilfen vertraut. Das Schenkelweichen dient als Vorbereitung für alle weiteren Seitengänge. Ob junges Pferd oder Korrekturpferd, zuerst mobilisieren wir die Pferde und erst wenn das Pferd die Voraussetzungen für erste Schritte der Versammlung erfüllt, folgen weitere Seitengänge. Das Übertreten dient als Basisübung,

Anfänglich im Schritt, später auch im Trab, ist das Übertreten ein hervorragender Einstieg in die gymnastizierende Handarbeit.

um das Pferd geradezurichten, zu biegen, zu stellen und den Rücken sowie die Nierenpartie zu kräftigen.
Dr. Gerd Heuschmann hat Stellung zu dem Vorurteil genommen, dass Seitengänge, speziell das Übertreten, die Gelenke ruinieren.
„Ein Pferd vorwärts-seitwärts treten zu lassen ist grundsätzlich anatomisch möglich, ohne gegen die Natur des Tieres zu verstoßen. Im Hinterbein ist diese Rotation im Hüftgelenk möglich. Die schräge Fußung kann im Hufgelenk, einem Sattelgelenk, ausgeglichen werden. Die Vordergliedmaße können im Schultergelenk nach innen und außen rotiert werden. Das Hufgelenk wirkt ausgleichend wie im Hinterbein. In einem losgelassen gehenden und richtig gymnastizierten Pferd wirken sich die Seitengänge in keiner Weise gelenkschädigend aus. Ein verspanntes Pferd hingegen schädigt seinen Körper auch beim Geradeausgehen" (Aus Respekt, S. 82).

Warum lassen wir die Pferde übertreten?
— zum Lösen,
— zum Kräftigen,
— zum Vertrautmachen mit den Hilfen,
— zur Schulterkontrolle,
— zum Geschmeidigmachen der Hanken,
— zur Beweglichkeit,
— zum Dehnen.

Es kann nützlich sein in den Pausen die Stellung durch kurze Abkau- und Biegeübungen zu sichern.

Aufwärmen im ruhigen Seitengang – nicht erst 10 Minuten Schritt geradeaus (oftmals im Stechschritt in den Boden hinein). Tierarzt Dr. Gerd Heuschmann betont, dass ein „verspanntes Pferd seinen Körper auch beim Geraderichten schädigen kann" (Aus Respekt, S. 82). Bei der Handarbeit beginnen wir sehr zügig mit dem Übertreten, um die Pferde zu lösen und zu entspannen. Oftmals werde ich gefragt, ob denn die Pferde nicht erst 10 Minuten geradeaus Schritt gehen müssen, um von der Gelenkflüssigkeitsverteilung etc. auf die Übungen vorbereitet zu sein. Das müssen sie nicht, dann die Gelenkflüssigkeit bildet sich auch in den ruhigen Seitengängen im Schritt. Und auch auf die Konzentration wird sofort Einfluss genommen.

AUFWÄRMEN IM ÜBERTRETEN

Bei dieser Übung werden die Vorderhand und die Hinterhand in Abduktion und Adduktion bewegt. Durch diese Bewegung entsteht eine Mobilisation der Schulter und der Hüftgelenke sowie eine Dehnung der Schultergürtel und der äußeren Kruppenmuskulatur.
Vorausgesetzt, dass das Pferd keine Probleme in den Gelenken und keine anderen Erkrankungen des Bewegungsapparates hat, ist das Übertreten ein sinnvoller Einstieg in die Handarbeit.

Lusitanohengst Fantasma beim Übertreten auf kleinem Kreis.

ÜBERTRETEN AUF EINEM KLEINEN KREIS

Das Pferd tritt wie ein Uhrzeiger auf einem Ziffernblatt um den Ausbilder herum, welcher den Mittelpunkt darstellt.

Das Jungpferd ist auf Trense gezäumt und ich habe eine Gerte, deren Länge auf das jeweilige Pferd angepasst ist. Bei sensiblen, sehr temperamentvollen Pferden reicht eine kurze Gerte, welche ich sehr gefühlvoll einsetze. Korrekturpferde, welche abgestumpft sind, arbeite ich mit einer längeren. Wir haben nun, anders als beim Halfter oder Kappzaum, die Möglichkeit, das Pferd durch Einwirkung des äußeren Zügels zu begrenzen, wodurch die äußere Schulter kontrolliert werden kann und das Pferd gerader gehalten wird.
Ich positioniere mich vor dem Pferd, so dass ich auf die Stirn schauen kann. Dann lasse ich das Pferd durch ein Stimmkommando, eventuell unterstützt durch die Gerte, vorwärts-seitwärts treten. Um das Vorwärts zuzulassen, gehe ich bei Bedarf einen kleinen Schritt zurück. Diese

Übertreten auf der hohlen Seite – das Pferd dürfte in sich gerader sein. Ein Abbrechen des Halses ist nicht erwünscht.

Übung lasse ich langsam ausführen. Nur so ist die effektive Dehnung der Muskulatur gewährleistet. Das Genick des Pferdes sollte höchster Punkt sein und wir können ein Verwerfen jetzt mit gezielter Einwirkung des Zügels Richtung Maulwinkel zur Genickstabilisation korrigieren. Versucht das Pferd sich der Übung über die äußere Schulter zu entziehen, indem es den Hals stark verbiegt, so wirke ich auf beide Zügel gleichzeitig entgegengesetzt zur Bewegungsrichtung ein, um die Schultern zu kontrollieren und die Vorderhand wieder vor die Hinterhand zu führen. Bei einem ruhig ausgeführten Übertreten beginnen die Pferde zu kauen und somit ihr Genick zu entspannen, was unmittelbar zu einem verbesserten Balancezustand des Pferdes führt.

DIE MUSKULÄREN ZUSAMMENHÄNGE BEIM ÜBERTRETEN

„Der äußere schiefe Bauchmuskel steht nicht nur nach hinten mit dem Becken und dem Oberschenkelknochen in Verbindung, sondern geht nach vorne in den Bauchteil des tiefen Brustmuskels über. Die kräftigen und rhythmischen Impulse des äußeren schiefen Bauchmuskels, der sich mit der Hintergliedmaßenbewegung regelmäßig kontrahiert, beeinflusst damit den Bauchteil des schiefen Brustmuskels. Im Bereich des Brustbeins, der Schulter und des Oberarms setzen die wichtigsten Unterhalsmuskeln an. Diese enden am Unterkiefer, dem Zungenbein und dem Hinterhauptsbein des Schädels. Diese Muskelkette ist dafür verantwortlich, dass ein Pferd mit balanciertem Rumpf zu kauen beginnt und auch die Genickmuskeln entspannt" (G. Heuschmann).

Die steife Seite des Pferdes arbeiten wir immer ein wenig intensiver als die hohle Seite, um der natürlichen Schiefe entgegenzuwirken.

ÜBERTRETEN AUF GRÖSSEREN LINIEN

Viele Ausbilder empfehlen, die ersten Seitwärtstritte auf großer Linie zu beginnen. Doch die Bande hat auf die Schultern oftmals eine magnetische Wirkung.

Ich bevorzuge es, am Anfang auf kleinerem Radius zu arbeiten und wenn die Pferde die Hilfengebung bereits verstanden haben, den Radius zu vergrößern und uns Richtung Hufschlag zu bewegen. Dadurch vermeide ich ein Davonstürmen oder Ausbrechen über die äußere Schulter. Die Bande kann zu Beginn sehr einengend wirken und da ich beim Übertreten ein deutliches Ausweichen mit dem äußeren Hinterbein akzeptiere, wäre die beschränkende Bande, ohne dass ich das Pferd mit feinen Hilfen begrenzen kann, indem ich die Vorhand vor die Hinterhand führe, hinderlich, da sie oftmals wie ein Magnet die Schultern anzieht.

Durch die Vorarbeit und vielen Übergänge innerhalb der Übung haben wir das Pferd vorbereitet, auch auf größerem Radius bei uns zu bleiben, und sich kontrollieren und führen zu lassen. Durch Einwirkung mit dem Zügel in Kombination mit der Stimme, sollten wir in der Lage sein, die Pferde jederzeit anzuhalten. Will man mehr Vorwärts als Seitwärts, so dreht man sich vermehrt in Bewegungsrichtung.

Natürlich bezieht man die natürliche Schiefe des Pferdes in seine Arbeit mit ein. Es werden immer beide Seiten gearbeitet. Doch je nachdem, auf welcher Schulter das Pferd mehr Last trägt, wird entsprechend mehr Stellung gefordert oder auf der holen Seite das Pferd gerader gehalten. Wir beginnen mit einer Volte, gehen dann auf die große Zirkellinie und können fließend mehrere Hufschlagfiguren aneinanderreihen. Nachfolgend eine Abfolge von Lektionen, um das Pferd von der rechten Schulter „weg" zu arbeiten.

Wir müssen dabei an unserer Position wenig verändern, lediglich unseren Oberkörper je nach gewünschtem Seitwärtsgrad mehr oder weniger regulierend (zum Pferdekörper) oder erweiternd (in Bewegungsrichtung) drehen und so geschickt und fließend neben dem Pferd schreiten, dass die Vorhand immer voraus ist! Gerade beim Handwechsel und durch die Ecken muss besonders Wert darauf gelegt werden, die Hinterhand aktiv zu halten, während die Vorhand den längeren Weg hat. Es sollte auf große Schritte und auf eine aufrechte Körperposition geachtet werden, so wie wir es uns auch vom Pferd wünschen. Der positive Effekt des Übertretens wurde von diversen Tierärzten,

PRE-Wallach Illustrado im Übertreten auf der Zirkellinie. Die Ausbilderin ist in Bewegungsrichtung gedreht, um das Pferd in seinem Raumgriff nicht einzuschränken.

01

02

05

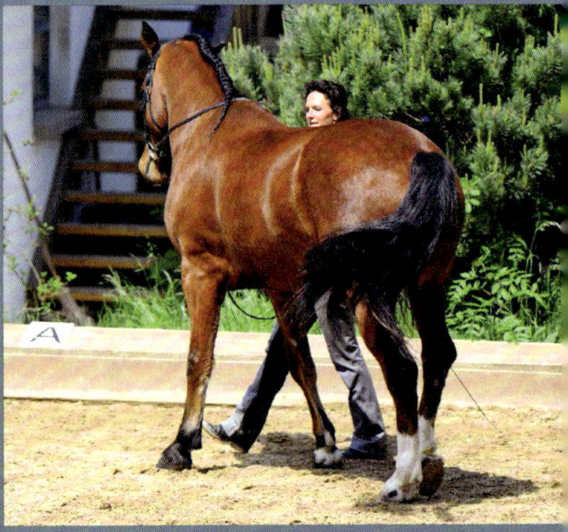

06

☞ ÜBUNGSABFOLGE

01 Navaro beim Übertreten ganze Bahn, …

02 … es folgt eine Kehrtvolte …

03 … dabei soll die Vorhand vor der Hinterhand bleiben und ein Herausschleudern mit der Kruppe vermieden werden …

04 … an der Bande entlang Schenkelweichen …

05 … an der kurzen Seite Schenkelweichen und auf die Mittellinie im Schenkelweichen abwenden …

06 … Vorhand vor die Hinterhand führen …

07 … im Schenkelweichen zurück zur Bande …

08 … und anschließend wieder zurück ins Übertreten.

07

03

04

08

wie auch Dr. Robert Stodulka erkannt und erläutert: „Das Pferd muss durch die Rotation von Becken und Brustkorb seine Oberlinie dehnen. Verspannungen in der Rückenmuskulatur werden so gelockert, die Rückenfaszie gedehnt und die Hinterhand mobilisiert" (Dressurstudien 04/15, S. 11).

BEISPIEL QUITE CALYPSO

Quite Calypso ist ein sehr großrahmiger Holsteiner, gezogen für den Springsport. Er ist ein Pferd, welches nicht prädestiniert für die hohe Dressur, aber sehr korrekt im Fundament ist. Seine Besitzerin klagte bei ihrer Ankunft darüber, das Pferd nicht nach links stellen zu können. Auch könne man das Pferd nicht longieren, weil es den Anschein mache, auf der linken Hand nach innen „umzufallen". Der Galopp an der Longe wäre nahezu unmöglich.
Jedes Pferd, welches uns als Korrekturpferd vorgestellt und anvertraut

Korrekturpferd Quite Calypso im Überteten. Er versucht, seinen Hals stark abzustellen, um sich der Übung über die äußere Schulter entziehen zu können.

wird, muss erst einmal ausgiebig analysiert werden. Wir betrachten den Körper im Stand und in der Bewegung, frei und unter dem Sattel. Ich lasse mir die Pferde von den Besitzern vorreiten. Schnell lassen sich Muster erkennen, die die Ursache für die Probleme darstellen.
Wir können nicht alle uns anvertrauten Pferde für immer bei uns behalten. Viele Pferdebesitzer suchen uns mit dem Ziel auf, sie und ihr Pferd wieder zusammenzubringen, so dass der Vierbeiner möglichst lange gesund und mobil bleibt. Das stellt uns vor eine neue Herausforderung, nicht nur das Pferd, sondern auch der Besitzer muss „korrigiert" werden.
Wir widmen uns bei den Korrekturpferden zunächst ausschließlich alleine dem Pferd. Bei dem Holsteiner war es so, dass der ganze Körper wie ein steifes Brett wirkte. Das Pferd kannte eigentlich nur ein Geradeaus. Und das mit der Kondition eines Hochleistungssportlers.
Neben den Abkau- und Biegeübungen war eine der ersten Maßnahmen, dem Pferd das Vorwärts-seitwärts näher zu bringen. Die steifen Hanken mobil zu machen, und dem Pferd zu erläutern, dass es nicht die Kruppe in der Bewegung hochwerfen soll, sondern die Hanken beugen kann. Auf der hohlen Seite haben wir versucht, den Hals gerader zu halten. Das Pferd neigte dazu, den Hals extrem nach innen zu biegen und sich der Übung über die äußere Schulter zu entziehen. Auf der steifen Seite hingegen hat sich der Wallach extrem verworfen. Das Verwerfen resultiert aus der Gegebenheit, dass das Pferd körperlich noch nicht in der Lage ist, über eine mobile, aktive und gebeugte Hinterhand, korrekt gestellt, gebogen und balanciert zu gehen. Die Hanken bleiben steif und auch die Rumpfmuskulatur der äußeren Seite, welche bei sehr schiefen Pferden deutlich verkürzt ist, will nicht nachgeben, um eine korrekte Biegung und Stellung zuzulassen. Langsam müssen wir uns an die Gymnastizierung wagen, um das Pferd in eine Balance zu bringen. Diese sehr einseitig gearbeiteten Pferde weisen eine deutlich unterschiedlich ausgeprägte Muskulatur am Rücken auf. Ein weiterer Grund für mich, zunächst mit der Arbeit an der Hand zu beginnen.
Der Körper des Pferdes ist immer ganzheitlich zu betrachten, doch kann ich als Ausbilder nicht immer gleich eine Korrektur des ganzen Körpers gleichzeitig vornehmen. Natürlich wissen wir, dass das eine mit dem anderen einhergeht, doch wir dürfen hier anfänglich nicht das Idealbild vor Augen haben. Wir müssen uns mit kleinen Schritten zufriedengeben.
So war es bei Quite Calypso anfänglich zu akzeptieren, dass er abenteuerliche Verrenkungen mit seinem Hals gemacht hat bei dem Versuch, ihn übertreten zu lassen. Der Wallach hat sich trotz seines fantastischen Charakters versucht zu entziehen – es ist nun mal anstrengender, die Hanken zu beugen, als mit tiefem Hals und hoher Kruppe auf der Vorhand zu laufen. Wenn sich erst einmal gewisse Verhaltensmuster manifestiert haben, bedarf es viel Geschick des Ausbilders, die unterschiedlichen Körperpartien des Pferdes wieder neu

So bitte nicht: In dieser Position kann sich Quite Calypso sichtlich auf der Schulter abstützen und sein Gewicht auf die Vorhand verlagern. Ein falsches Muster, das der junge Wallach verinnerlicht hatte.

DIE SICHT DER OSTEOPATHIN

Das Pferd zeigt auf dem Foto unten links bei dieser Übung eine Bewegungseinschränkung aufgrund der hypertonen Muskulatur und möglichen Blockaden in der Halswirbelsäule. Bei Korrekturpferden mit körperlichen Defiziten empfehle ich Hand in Hand mit einem Tierarzt und einem Osteopathen bzw. Physiotherapeuten zu arbeiten. Durch die Kombination aus Gymnastizierung an der Hand und Therapie kann so das bestmögliche Ergebnis für das Tier erreicht werden.

zu formen. Deshalb arbeite ich mit verschiedenen Übungen an unterschiedlichsten Blockaden und nehme dabei in Kauf, dass das Pferd auf die ein oder andere Art und Weise versucht, sich der Übung zu entziehen. Doch Schritt für Schritt kommen wir der Korrektheit der Lektion näher und erkennen die positive körperliche Veränderung des Pferdes. Es ist dem Wallach unangenehm, die äußere Rumpf- und Halsmuskulatur zu dehnen und sich korrekt zu stellen und er verkantet daraufhin sein Genick. Wichtig, er nimmt den äußeren Zügel noch nicht korrekt an. Es dauert ca. drei Monate, bis wir die deutlichen Veränderungen in der Muskulatur des Pferdes erkennen. Das ist der Zeitpunkt, zu dem ich den Sattler hinzuziehe, um den Sattel an den aufgemuskelteren Rücken anzupassen. Oftmals werden mehrere Zentimeter Zuwachs gemessen, was nicht selten ein bis zwei ganze Kammerweiten bedeutet. Am Ende des Buches habe ich einige Vorher-Nachher-Beispiele von Korrekturpferden mit Bildern aufgeführt.
Korrekturpferde, welche sich auffällig hinter dem Zügel verkriechen,

Verhaltensmuster des Korrekturpferdes Quite Calypso beim Übertreten auf der steifen Seite

Korrekte Kopf-/Halsposition auf der rechten Hand (hohle Seite): Gut zu erkennen, dass das Pferd keinesfalls tiefer in der Kopf-/Halsposition eingestellt sein sollte.

Eine Übung, die Korrekturpferden helfen kann. In dieser Form ausgeführt ist sie noch in keinem Lehrbuch zu finden.

stark verwerfen oder sich auf den Zügel werfen, versuche ich folgendermaßen an der Hand zu arbeiten: Ich nehme beim Übertreten die Zügel oberhalb des Nasenrückens und lasse die Pferde mit sehr hohem Genick um mich herum übertreten. Zuerst in einem ruhigen Schritt. Eventuell lasse ich sie sehr kurze Reprisen antraben.

Ich habe diese Übung von meinem damaligen Lehrer Manuel Jorge de Oliveira gezeigt bekommen. Damals hatte ich ein junges Pferd, welches aufgrund zwei gebrochener Strahlbeine dauerhaft lahm war und laut Tierarzt zum Schlachter sollte. Er riet mir, das Pferd ausschließlich an der Hand zu gymnastizieren. Meine Einheiten mit diesem Pferd betrugen insgesamt maximal ca. 15 Minuten inklusive Aufwärmen. Immer nur sehr kurze Reprisen: sekundenweise Trab, dann wieder Halten, Streckenlassen, Pausieren und häufige Handwechsel. Niemals hätte ich zu diesem Zeitpunkt geglaubt, dass uns gerade diese Übung weiterbringen würde. Doch ein viertel Jahr später war das Pferd lahmfrei. Viele Korrekturpferde können enorm von dieser Übung profitieren. Die Dosierung und Art und Weise der Ausführung ist hierbei jedoch sehr wichtig.

Nach der Korrektur bekomme ich den Nasenrücken schon mal Richtung Senkrechte.

ÜBERTRETEN IM TRAB
— Dynamik und Kraft

Die Übung Übertreten kann ich auch im Trab absolvieren, wobei hier der Winkel nicht mehr so steil sein sollte, um das Vorwärts in der Lektion garantiert sicherzustellen.

01

Diese Übung empfiehlt sich besonders bei phlegmatischen Korrekturpferden in kurzen Reprisen, um sie aufmerksamer und reaktionsschneller zu machen. Viele Reiter sind nicht in der Lage, ein Schenkelweichen im Trab zu reiten. Sie müssen ja mit einem geschmeidigen Sitz der Bewegung folgen und dann noch die korrekten zügelunabhängigen Hilfen geben, was häufig eine Herausforderung ist. Sie sind maßlos überfordert, ihre Pferde auch in einer höheren Gangart seitlich zu gymnastizieren. Doch gerade im Trab kräftigt das richtig ausgeführte Seitwärts und fördert die Reaktionsgeschwindigkeit. Die Leichtigkeit, welche die jungen Pferde dadurch am Boden lernen, kann ich gut mit in den Sattel nehmen und habe es dann später beim Reiten leichter. Es ist faszinierend, wie geschmeidig die meisten Pferde durch Übergänge im Übertreten zwischen Schritt und Trab werden.

02

03

04

01 *Jungpferden bringe ich das Übertreten auch im Trab bei.*

02 *PRE-Wallach Ilustrado zeigt eine wunderbare Dynamik im Übertreten im Trab.*

03 *Das Pferd dürfte noch etwas höher im Genick positioniert werden.*

04 *Die Trakehnerstute Suna im raumgreifenden Übertreten im Trab durch die Ecke bei leichtester Verbindung am inneren Zügel. Geführt wird am äußeren Zügel. Die Hinterhand ist aktiv und die Schulter des Pferdes wird frei.*

01

☞ JUNGE PFERDE – GYMNASTIZIEREN UND KRÄFTIGEN

Wir wollen den Bandapparat und die Muskulatur bei jungen Pferden kräftigen. Die Hanken werden geschmeidig und die Pferde werden durch Übungen, die sie nicht überfordern, an die Versammlungsfähigkeit herangeführt. Lektionen, die an der Hand erarbeitet wurden, lassen sich mit Leichtigkeit in den Sattel übernehmen.

01 *Die moderne Zucht bringt sehr viele hypermobile Pferde mit spektakulären Bewegungsabläufen hervor. Natürlich ist man dazu geneigt, diese Bewegungen vollends auszukosten. Um diese Pferde gesund zu erhalten, sollte man kräftigende versammelnde Übungen frühzeitig mit in die Ausbildung nehmen. Hierfür eignet sich die Handarbeit hervorragend, um das Ganze noch ohne Reitergewicht zu erarbeiten.*

02 *Die 5-jährige Stute Aimée la vie ist mit einem Stockmaß von 176 cm sehr großrahmig und hat sehr raumgreifende Bewegungen. Ihr gesamter Körper wirkt noch schlaksig und so haben wir nach anfänglichen gymnastizierenden Übungen relativ schnell angefangen, ihren Körper durch versammelnde Lektionen zu kräftigen. Der gesamte Bandapparat wirkt seither stabiler und tragfähiger.*

03 *Frühzeitiges Erarbeiten von diagonalen Tritten vermittelt ein Verständnis vom Abkippen des Beckens und der damit im Zusammenhang stehenden Tragfähigkeit der Hinterhand. Dies lässt sich dann wunderbar auch unter dem Sattel in verschiedensten Gangarten und Lektionen abfragen. Bei Aimée la vie haben wir die Piaffe zu zweit an der Bande in der Halle erarbeitet. Die Akzeptanz der Zügelhilfe gilt als Voraussetzung. Hier ist dies gut an den durchhängenden Zügeln zu erkennen. Nur dann dürfen wir die Pferde touchieren. Ansonsten würden sie die Flucht nach vorne ergreifen. Eine konstante Anlehnung, wie sie beim Reiten erwünscht ist, hat bei der Erarbeitung der Piaffe keine Relevanz. Es kann sogar hinderlich sein und dem Pferd die Motivation nach „vorne" nehmen.*

DAS TOUCHIEREN

— *mit Verstand und Gefühl*

DIE GERTE

Die Gerte ist neben der Stimme bei der Handarbeit unsere treibende Hilfe. Anders als im Sattel, müssen wir auf Gewichts- und Schenkelhilfen verzichten.

Das Touchieren mit der Gerte muss hier in einem eigenständigen Kapitel erläutert werden. Wie auch im Sattel müssen die treibenden Hilfen vorherrschen, ansonsten kommt es früher oder später zu einem Abstützen des Pferdes auf den Zügel. Sehr oft sieht man Menschen, welche völlig ungeschickt und gefühllos mit der Gerte das Pferd zu mehr Aktion bringen wollen, aber nur das Gegenteil erreichen. Ähnlich wie der Reiter, welcher permanent mit dem Sporn im Pferdeleib herumstochert. Wann immer man bei der Handarbeit mit der Gerte das Pferd touchiert, sollte dies mit Sinn, Verstand und vor allem Gefühl geschehen. Will ich mehr Aktivität der Hinterhand, ein Weichen der Vorhand, ein deutlicheres Übertreten der Hinterbeine, ein höheres Anheben der Beine, ein Sinkenlassen der Kruppe, ein Anheben des Widerristes oder einfach nur mehr Fleiß bei der Übung?
Die unterschiedliche Auswirkung des Touchierens sollte dem Ausbilder bekannt sein, bevor er mit der Gerte hantiert. Nur gefühlvolles Einsetzen der Gerte – im richtigen Moment an der richtigen Stelle – kann den gewünschten Erfolg bringen. So muss ich wissen, dass ich

Touchieren der Oberschenkelmuskulatur: Hier kann zum deutlicheren Anheben, aber auch seitlichen Übertreten aufgefordert werden.

Touchieren am Röhrbein führt zu einem Anheben der Beine.

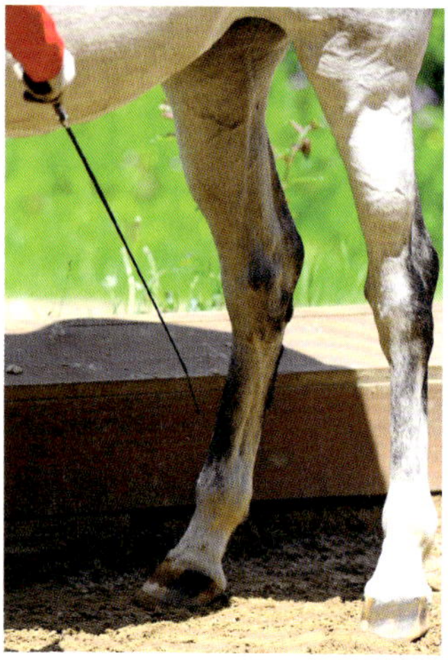

Um das äußere Bein zum Anheben zu animieren, touchiert man es an der Röhrbeinvorderseite.

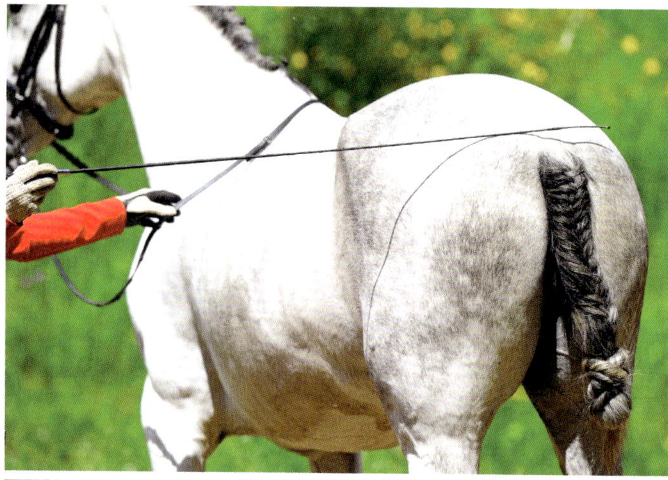

Touchieren oberhalb des Schweifansatzes führt zu einem Abkippen im Becken und auch zu mehr Fleiß bzw. einer Taktänderung. Hierzu erfordert es eine zweite Person oder aber eine Gerte mit kurzem Schlag.

vor dem Abfußen des gewünschten Beines eine schnellere Reaktion von diesem bekomme. Man aber, wenn man im falschen Moment touchiert, das Pferd irritiert und sogar abstumpfen kann.
Das Touchieren am Oberschenkel bewirkt meist ein deutlicheres Übertreten des Beines der entsprechenden Seite. Ein Touchieren am Röhrbein ein höheres Anheben. Ein Touchieren seitlich des Widerristes sollte das Gewicht von der Schulter nehmen oder den Widerrist anheben, ein Touchieren am Schweifansatz lässt die Kruppe sinken – ein Touchieren auf der Kruppenmuskulatur bewirkt ein in der Regel

Das Touchieren des Trapezmuskels hat Auswirkung auf die Schulter oder den Widerrist.

Touchieren des breiten Rückenmuskels im Lendenbereich für mehr Beweglichkeit. Gezieltes Touchieren der Kruppen- oder Lendenmuskulatur führt nicht selten zum Ausschlagen.

Touchieren der Kruppenmuskulatur führt zu einem Weichen der Hinterhand. An höherer Stelle animiert es auch zu einem meist unerwünschten Anhüpfen der Kruppe.

Touchieren an der richtigen Stelle unterhalb der Brust löst ein Anheben der Vorderbeine aus.

unerwünschtes Heben oder Anhüpfen der Hinterhand, ein Touchieren der Lendenmuskulatur kann zum Ausschlagen führen, oder auch bei überproportionerter Muskulatur zu mehr Beweglichkeit anregen. Ein Touchieren unterhalb der Brust löst in der Regel ein Anheben des Vorderbeines aus, ein Touchieren an der Röhrbeinvorderseite ein Strecken des Beines.

Meine Erfahrung sagt mir, es ist besser, einmal ein klares Signal mit der Gerte zu geben und das Pferd damit zu sensibilisieren, als in ein monotones Dauertreiben zu verfallen. Ich möchte immer mit meinen Hilfen aussetzen können, wenn das Pferd korrekt arbeitet und nur dann einen Impuls geben, sollte sich etwas verändern.

Besonders präzise kann mit einem weiteren Bodenmann gearbeitet werden, welcher aus der Distanz heraus das Pferd beobachtet und bedingt durch den Abstand zum Pferd oftmals noch gezieltere Hilfen geben kann.

Pferde, die starke Verspannungen in der Oberlinie haben, reagieren oftmals mit einem Ausschlagen bei nur leichter Berührung der Lendenmuskulatur. Häufig lässt sich dadurch ein Lösen der Blockaden erkennen und die Pferde fußen wieder dynamischer ab.

Pferde, die viel im vorwärts-abwärts gearbeitet wurden, zeigen oftmals eine stark ausgeprägte Muskulatur im Lendenbereich. Diese scheint die Pferde beim seitlichen Übertreten zu behindern, so dass ihnen hier eine Leichtigkeit und Dynamik schwer fällt. Bereits beim Putzen zeigen die Korrekturpferde ein Schweifschlagen an der besagten Stelle. Touchiert man diesen auffälligen Bereich der Lende während des Übertretens, so wirkt es häufig so, als würde sich das Pferd durch ein Ausschlagen und Langmachen in der Lende von dieser Spannung befreien wollen.

Ein Touchieren an der Vorderseite des Röhrbeines führt häufig zu einem Strecken des Vorderbeines.

VERSAMMELNDE SEITENGÄNGE

— richten gerade und formen das Pferd

VORAUSSETZUNGEN

Um langfristig gesund zu bleiben, muss das Pferd in der Lage sein, sich zu versammeln. Die Hinterhand muss in ihrer Fähigkeit sich zu beugen, geschult werden.

Bislang zielten alle gezeigten Seitengänge an der Hand darauf ab, das Pferd geschmeidig und mobil zu machen. Und es somit auch auf die weiterführende Arbeit vorzubereiten, so dass es sensibel reagiert, die Schultern leicht bewegt und ein bewussteres Körpergefühl bekommt. Damit legen wir den Grundstein für ein gesundes Pferdeleben aus Reiter- und Ausbildersicht. Es wäre viel zu früh, ein junges 3-jähriges Pferd zu versammeln, und auch ein Korrekturpferd wird zunächst durch dehnende gymnastizierende Arbeit auf versammelnde Lektionen vorbereitet.
Um jedoch langfristig gesund zu bleiben, muss das Pferd in der Lage sein, sich zu versammeln (vor allem, wenn es geritten wird). Die nachfolgenden Seitengänge haben alle eine versammelnde Wirkung und zielen auf die biomechanischen Möglichkeiten, nämlich die Hinterhand als Feder einzusetzen, um somit das Gewicht von der Vorhand auf die Hinterhand zu verlagern, ab. Unsere Pferde sind durch die Abkauübungen auf die stellunggebende Zügeleinwirkung und durch das Übertreten auf den äußeren begrenzenden Zügel vorbereitet. Jetzt gilt es, in den Seitengängen eine korrekte Biegung und Stellung einhergehend mit der Versammlung zu erarbeiten.

Der Federmechanismus bei der Hankenbeugung. Hier in einer Piaffe sehr gut erkennbar.

01

02

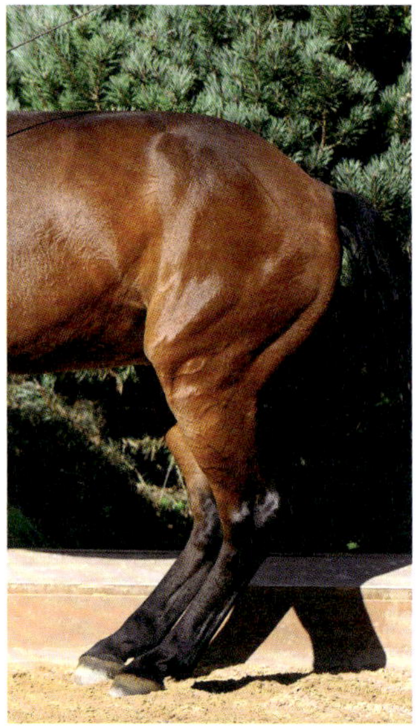

03

01 – 03 Anders als die Vorhand hat die Hinterhand durch ihre Gelenkswinkelung die Fähigkeit zu „beugen" und mehr Last aufzunehmen.

VORBEREITUNG

Da wir am Boden mit dem Pferd arbeiten, fehlen uns bei der Handarbeit die zwei wichtigsten Hilfen, die Gewichts- und Schenkelhilfe. Wir haben lediglich unsere Stimme und eine Gerte als vorwärtstreibende Hilfe zur Verfügung und die Zügelhilfe, welche eine regulierende, einrahmende Wirkung hat. Die Kunst bei der Handarbeit ist es, das richtige Maß an Fleiß und Aktivität aus der Hinterhand zu verlangen, und den Vorwärtsimpuls gefühlvoll über die Zügeleinwirkung abzufangen. Meist sieht man Handarbeit mit Pferden, die ohne Ausdruck, völlig schlaff vor sich hinspazieren oder aber das Gegenteil, in überhöhtem Tempo taktlos davonrasen. Handarbeit ist nicht gleich Handarbeit. Mein Anliegen ist es immer, das Pferd in seinem Körper zu kräftigen und zu formen. Wie unter dem Sattel muss ich mir auch an der Hand die Versammlungsbereitschaft über eine tätige, engagierte Hinterhand aufbauen. Durch Stimme und eventuellen Gerteneinsatz aktiviere ich die Hinterhand, den Motor, doch damit die Pferde nicht ihr Heil in der Flucht nach vorne suchen, gilt es, die Pferde entsprechend über mobilisierende Seitengänge bereits auf den äußeren Zügel, welcher führt und versammelt, vorzubereiten. Unsere Pferde haben bereits durch die Wirkung des äußeren Zügels gleichzeitig mit dem inneren stellunggebenden Zügel gelernt, die Schultern nach innen zu führen. Ebenfalls haben wir durch die Vorbereitung, das Pferd durch ein sanftes Berühren an der inneren Schulter gelehrt, mit dieser zu weichen und sich auszubalancieren. Auch ist das Pferd mit unserer Stimme vertraut und wir können diese treibend oder beruhigend einsetzen. Der Grundstein für die Seitengänge, bei denen Stellung, Biegung und Versammlung gefordert ist, ist gelegt.

SCHULTERHEREIN

Die Voraussetzung für das Schulterherein ist ein ruhiges, an der Hand schreitendes Pferd, welches mit feinster Verbindung am Zügel steht.

Das Schulterherein wird aus der Ecke heraus erarbeitet. Es gilt, die Ecke korrekt zu durchschreiten, um die bestmöglichste Vorbereitung für die ersten Tritte Schulterherein zu bekommen. Genau genommen ist eine korrekt ausgerittene Ecke ein „Stückchen Schulterherein", wie es Nuno Oliveira einst sagte. Auch das korrekte Anhalten sollte allen Lektionen vorausgehen und sicher beherrscht werden.

Suna im Schulterherein. Von hinten erkennt man die durchgängige Biegung vom Genick bis zur Schweifrübe.

DIE POSITIONIERUNG DES MENSCHEN

Wir positionieren uns ungefähr an der Schulter des Pferdes und drehen uns in Bewegungsrichtung. Es gibt Ausbilder, welche die Arbeit an der Hand immer frontal zum Pferd gedreht ausführen und rückwärts schreiten. Ich bevorzuge die Position in Bewegungsrichtung, denn bei der Trab- und Galopparbeit bekomme ich sonst Probleme mitzuschreiten. Mein Blick gilt dem ganzen Pferd, ich schaue auf die Kopf-/Halsposition und verharre nicht auf der Hinterhand. Es herrscht eine

PRE-Wallach Ilustrado durchschreitet im Schulterherein die Ecke.

Position des Menschen beim Schulterherein: an der Schulter des Pferdes, in Bewegungsrichtung gedreht.

leichte Verbindung zum äußeren Zügel, der innere Zügel fragt nach einer Stellung, indem ich leicht vibriere. Stellt sich das Pferd und kaut dabei, bin ich mit meiner inneren Hand still. Ich achte darauf, dass die Ohren des Pferdes parallel bleiben.

Wenn ich das Pferd durch die Ecke hindurchführe, übe ich gleichzeitig einen leichten Zug auf sowohl den äußeren als auch den inneren Zügel in Richtung meines Körpers aus. Das Pferd führt die Vorhand nach innen. Das lasse ich nur so weit zu, dass das innere Hinterbein in Rich-

Olimpico im Schulterherein an der Bande in geringer Abstellung

tung äußeres Vorderbein fußt. Bewegt sich die Vorhand nach innen, führe ich das Pferd nur noch am äußeren Zügel und achte lediglich auf die korrekte Stellung durch den inneren Zügel. Eine korrekte Biegung in dieser Lektion bekommen wir nur dann, wenn das Pferd mit dem äußeren Hinterbein nicht seitlich ausweicht, sondern auch Last aufnimmt. Mir fehlt jetzt der äußere Schenkel, um das Pferd zu begrenzen. Deshalb beginne ich die Lektion immer an der Bande, welche das äußere Hinterbein in seinem Bewegungsfreiraum einschränkt. Um das äußere Hinterbein zu mehr Versammlung zu animieren, können beim Auffußen halbe Paraden gegeben werden. Erst wenn beide Hinterbeine in der Lage sind sich zu beugen und das Pferd die Lektion verstanden hat, begebe ich mich auf eine gebogene Linie. Bei einem jungen Pferd geben wir uns anfangs mit wenigen Tritten zufrieden, ein trainiertes Pferd kann viel in dieser Lektion gearbeitet werden. Ein korrektes Schulterherein wurde nicht umsonst als „Aspirin der Reitkunst" bezeichnet, da wir das Pferd korrekt gestellt, gebogen und versammelt wieder in einen balancierten Zustand bringen können. Mit der Bande als Hilfsmittel ist das Schulterherein nicht schwer zu erarbeiten, großes Augenmerk sollte aber auf der korrekten Stellung liegen. Ist das Pferd zwar im Hals korrekt gebogen, aber stellt sich im Genick in Bewegungsrichtung, so liegt die Korrektur im Nachgeben des äußeren Zügels, welcher meist zu stark zum Regulieren eingesetzt werden muss. Der Grad der Abstellung kann sowohl auf drei als auch auf vier Hufschlägen sein. Je stärker der Grad der Abstellung, desto mehr muss der Ausbilder in der Lage sein, das äußere Hinterbein zu kontrollieren.

Navaro im Schulterherein auf drei Hufschlägen

Navaro im Schulterherein auf vier Hufschlägen

☞ JUNGE PFERDE – ÜBERTRETEN

Der 4-jährige Danny ist ein Musterschüler, der gerne mitarbeitet und gefallen möchte. Danny kann sein Becken mühelos kippen und man hat das Gefühl, dass ihm die Versammlungsfähigkeit in die Wiege gelegt wurde. Viel mehr Mühe bereitet ihm das seitliche Übertreten. Zunächst haben wir das Übertreten in einem sehr ruhigen Tempo im Schritt erarbeitet. Die Koordination seiner Beine im Seitwärts stellte für ihn eine große Herausforderung dar.
Mittlerweile versuchen wir es auch in kurzen Reprisen im Trab. Die Diagonalität der Fußfolge im Trab geht hierbei noch schnell verloren. Die Vorhand bricht im Übertreten die Diagonale und setzt früher als die Hinterhand auf. Der Winkel des Übertretens darf deshalb nicht zu steil gewählt werden, und man darf eine Biegung im Hals zulassen. In kleinen Schritten werden nicht nur die Psyche, sondern auch die Gelenke und der Bandapparat mit dem neuen Bewegungsmuster vertraut.

01 ***Übertreten im Schritt aus der Frontalposition***
Da ich mich auf einem Zirkel befinde, gehe ich selbst rückwärts, um den steilen Winkel beizubehalten und das Pferd in der Frontalposition zu begleiten. Im Schritt ist das für Danny kein Problem mehr und er bleibt schön gerade, ohne mir über die äußere Schulter auszubrechen.

02 ***Übertreten ganze Bahn***
Danny lässt sich gut begleiten. Mit dem äußeren Zügel führe ich das Pferd, der innere Zügel fordert eine leichte Stellung.

03 ***Schulterherein im Trab***
Mittlerweile gelingen uns schon kurze Reprisen im Trab mit geringem Winkel, bei denen er den Takt halten kann. Ziel ist es mit Danny mehr und mehr in ein Übertreten auf gebogener Linie zu kommen ohne, dass er die Koordination verliert. Die Beweglichkeit und Geschmeidigkeit seines Körpers haben für mich oberste Priorität bei der Ausbildung.

01

02

03

Trakehnerstute Suna im Schulterherein im Trab. Das innere Hinterbein fußt energisch Richtung äußerem Vorderbein. Das Pferd ist leicht gestellt und gebogen, die Ohren sind parallel und die Schweifhaltung bestätigt die Linksbiegung.

DAS RICHTIGE TEMPO FINDEN

Bedingt durch das Begleiten des Pferdes am Boden ist es im Trab quasi gar nicht möglich, die Pferde im überhöhten Tempo zu arbeiten, da wir sonst neben dem Pferd „rennen" müssten. Schaut man sich das Bild der Gelenkswinkelung in Versammlung an, so müssen wir ein Tempo wählen, das die Beugung oder auch das „Sinkenlassen" der Hanken zulässt. Man kann ein Federn bis ins Fesselgelenk erkennen, sofern man den Gelenken die Zeit dazu gibt.

Der häufigste Fehler im Schritt ist hingegen, neben einem zu starken Zug am inneren Zügel, ein überhöhtes Tempo. Hier ist darauf zu achten, dass das Pferd die Übung in der nötigen Ruhe absolvieren kann. Die Bezeichnung Versammlung hat somit auch einen Bezug zur Geschwindigkeit. Aber nicht jedes Pferd, das ruhig geht, geht auch gleichzeitig versammelt. Ein geschultes Auge des Betrachters erkennt den Federmechanismus der Hanken, einhergehend mit einem Anheben des Rückens und der Kadenz, welche sich aus der Versammlung ergibt.

KONTERSCHULTER-HEREIN

Die Konterlektionen dienen uns gewissermaßen als Prüfstein und Vorbereitung für die kommenden Lektionen.

Im Konterschulterherein haben wir die Möglichkeit zu überprüfen, ob das Pferd an den Hilfen steht und sich anhand der äußeren Zügelhilfe versammeln lässt. Hier kann sich das Pferd leicht über die äußere Seite entziehen, indem es mit dem äußeren Hinterbein keine Last aufnimmt und zu stark seitlich fußt. Bei der Handarbeit muss unser größter Augenmerk darauf liegen, dass das Vorwärts im Konterschulterherein erhalten bleibt. Das Pferd muss leicht mit der Schulter zu manövrieren sein, ohne die Stellung und Biegung zu verlieren und davonzueilen. Die Vorhand muss der Hinterhand immer voraus sein, was gerade beim Durchschreiten der Ecken eine Herausforderung werden kann, wenn das Zusammenspiel der Hilfengebung nicht funktioniert. Die Übung ist sinnlos, wenn das Pferd sich mit der Kruppe voran bewegt. Unter dem Sattel kann das Konterschulterherein dem Schulterherein durchaus schon mal vorausgehen, wenn das Pferd ein besseres Verständnis für den inneren Schenkel und äußeren Zügel bekommen soll. Nicht aber bei der Handarbeit. Dort beginnen wir immer mit dem Schulterherein.

Navaro im Konterschulterherein auf vier Hufschlägen

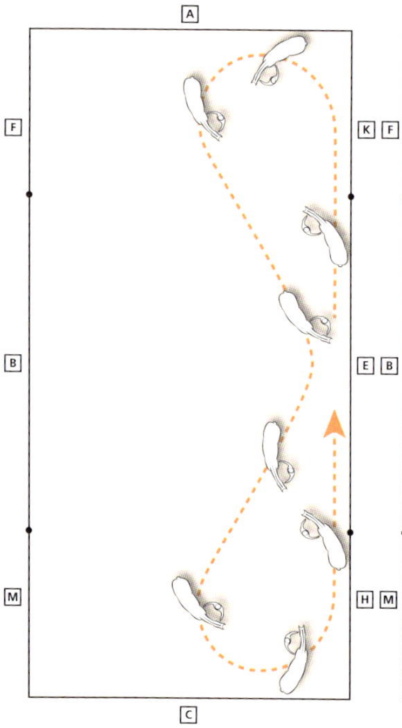

Aus der Ecke kehrt, in die Ecke umkehrt

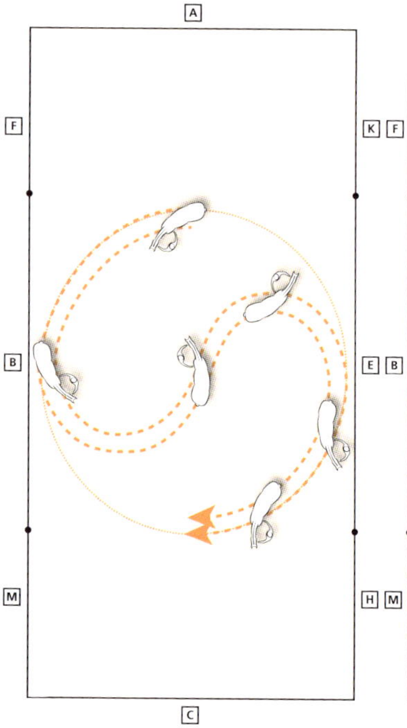

Durch den Zirkel wechseln

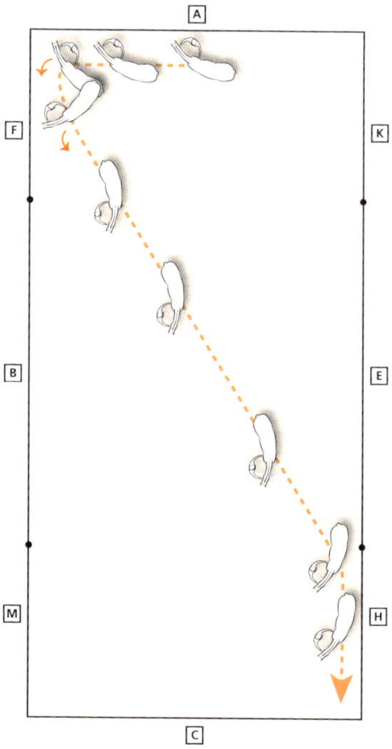

Konterschulterherein, Schenkelweichen, Schulterherein

Eingeleitet wird das Konterschulterherein zum Beispiel durch ein „Aus der Ecke kehrt". Wir ändern nichts an unserer Position, wir gehen in Bewegungsrichtung, drehen uns nur vermehrt zum Pferd, wenn wir das Tempo deutlich reduzieren müssen. Wir arbeiten das Pferd in exakt derselben Biegung und Stellung wie im Schulterherein. Der leichte stellungsgebende Kontakt am inneren Zügel, welcher das Pferd gelegentlich zum Kauen durch leichtes Vibrieren animiert, korreliert mit dem äußeren Zügel in feinster Abstimmung. Versucht sich das Pferd dem Vorwärts zu entziehen, indem es den Hals zu sehr verbiegt, muss man über einen sanften Druck des inneren Zügels in Richtung Pferdemaul, und in derselben Intensität durch einen annehmenden äußeren Zügel, den korrekten Grad der Stellung wiederherstellen. Dadurch wir auch die Vorhand vermehrt vor die Hinterhand geführt.
Beim Durchschreiten der Ecken hat die Vorhand den längeren Weg und muss erweitert werden, um im Seitengang die Führung inne zu haben. Eine Aneinanderreihung von Schulterherein und Konterschulterherein ist durch die unterschiedlichsten Handwechsel möglich, z. B. Abb. 1: Aus der Ecke kehrt, in die Ecke umkehrt, Abb. 2: Aus oder durch den Zirkel wechseln. Abb. 3: Ein entspanntes Schenkelweichen durch die Diagonale kann auch sinnvoll sein um ggf. wieder das Vorwärts zu etablieren und die Hanken zu entlasten. Bei Erreichen der Bande wird das Pferd wieder aufgenommen und über halbe Paraden am äußeren Zügel ins Schulterherein geleitet.

TRAVERS

Das Travers wird erst erarbeitet, wenn das Schulterherein korrekt abrufbar ist. Der Grad der Abstellung darf keine Eigendynamik bekommen.

Im Travers hat das Pferd noch mehr Möglichkeiten, sich den Hilfen zu entziehen als beim Schulterherein. Anders als im Schulterherein ist das Pferd beim Travers in Bewegungsrichtung gestellt und gebogen. Das Travers fordert noch mehr Biegung als das Schulterherein, um das Vorwärts und die Leichtigkeit beim Kreuzen des äußeren Vorderfußes zu sichern. Die Vorhand befindet sich auf dem zweiten Hufschlag, die Hinterhand auf dem dritten Hufschlag. Bei allen Wendungen im Travers hat die Vorhand den längeren Weg und wie auch im Konterschulterherein muss darauf geachtet werden, dass die Hinterhand nicht die Führung übernimmt. Gerade durch die Ecken oder später in Volten wird die Hinterhand stärker gebeugt und beide Hinterbeine, das innere durch die vermehrte Biegung und das äußere durch noch stärkeres Untertreten unter den Schwerpunkt, genötigt, im positiven Sinne aktiv zu sein. Die größte Schwierigkeit in der Lektion liegt in der Erhaltung des Vorwärts, so dass sich das Pferd nicht durch übertriebene Abstellung mit dem inneren Hinterbein der Last entzieht und das äußere überlastet. An der Hand fehlt der innere Schenkel, welcher die Schubkraft oder auch das Vorwärts sichert. Der Ausbilder muss in der Lage sein, die Schultern des Pferdes jederzeit vermehrt vor die Hinterhand zu führen.

Uranio im Travers: Die Ausbilderin fixiert das Genick am äußeren Zügel.

Konterschulterherein auf vier Hufschlägen nach außen gestellt

Navaro wird für das Travers in Bewegungsrichtung umgestellt.

VORBEREITUNG

Ich erarbeite das Travers an der Hand aus dem Konterschulterherein. An der langen Seite stelle ich das Pferd um, jetzt übernimmt der neue äußere Zügel die Führung und ist zuständig für Biegung und Versammlung. Der innere Zügel stellt das Pferd entsprechend in Bewegungsrichtung.
Wenn wir einen Spiegel am Ende der langen Seite haben, so muss man beim Travers auf die Stirn des Pferdes schauen können und die parallel

Navaro im Travers mit Kontrolle des inneren Hinterbeines über ein Touchieren auf der Kruppe

Genickstabilisation: Der äußere Zügel wirkt mehr seitlich, um die Vorhand vermehrt zu kontrollieren. Dennoch wirkt er immer in Richtung Maulwinkel, nicht nach unten, weswegen eine aufrechte Position am Pferd so entscheidend ist.

stehenden Ohren sind ein Indiz dafür, ob die Stellung und Biegung korrekt sind. Häufig sieht man den Fehler, dass das Pferd sich im Genick verwirft und das äußere Ohr tiefer ist als das innere. Bei der Arbeit an der Hand korrigiere ich dies, indem ich vermehrt Einfluss auf die Genickposition durch ein Anheben des äußeren Zügels Richtung Maulwinkel nehme. Um die korrekte Einwirkung geben zu können, sollte der Ausbilder die Arme getragen halten.

Das Genick ist leicht verworfen, die Korrektur muss am äußeren Zügel aufwärts erfolgen.

Die Ohren sind nun parallel, das Pferd verwirft sich nicht mehr.

☞ KORREKTUR IM TRAVERS ÜBER DAS TOUCHIEREN DER INNEREN KRUPPEN-MUSKULATUR

01

01 Navaro im Travers: Das innere Hinterbein tritt noch aus dem Schwerpunkt heraus, der Winkel ist zu steil. Diese Gefahr besteht, wenn man im Travers außen führt, weil sich das Pferd so der Lastaufnahme entziehen kann.

02 Der Winkel muss flacher werden, die Hilfengebung muss sich auf das innere Hinterbein beziehen, welches zu mehr vorwärts-seitwärts angeregt werden muss.

03 Die obere Kruppenmuskulatur des inneren Beines wird berührt, das Pferd wird kurzzeitig zu deutlich vermehrter Lastaufnahme angeregt.

04 Die Korrektur der Hinterhand wirkt sich dann unmittelbar auch auf die Anlehnung aus – Stellung und Biegung sowie Grad der Abstellung sind jetzt korrekt.

02

03

04

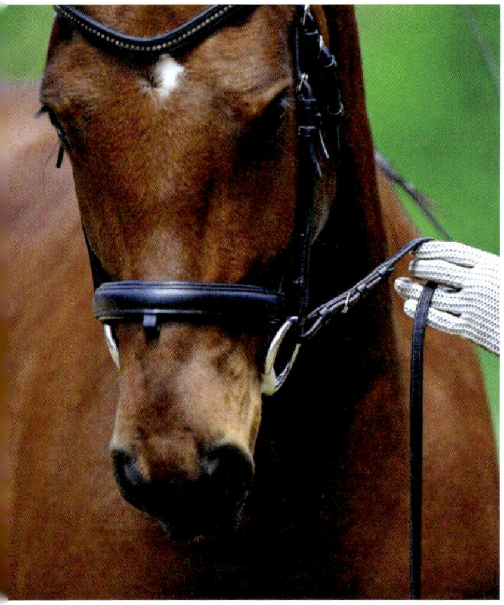

Navaro im Travers: Die Einwirkung am äußeren Zügel wirkt stabilisierend, so dass die korrekte Stellung erhalten bleibt. Diese Zügelführung habe ich für mich entdeckt. Der Zügel läuft über den Zeigefinger. Um die Einwirkung in die Maulwinkel zu geben, muss ich den Arm so nicht verdrehen, was mir deutlich angenehmer ist.

POSITIONIERUNG DES MENSCHEN

Beim Travers drehe ich mich noch mehr in Bewegungsrichtung und positioniere mich fast vor die äußere Schulter des Pferdes. Weicht das Pferd nicht genügend seitwärts, korrigiere ich dies, indem ich mit dem äußeren Zügel Richtung Bande einwirke, um die Vorhand zu regulieren, ebenso kann das äußere Hinterbein auf Oberschenkelhöhe touchiert werden. Meist reicht aber die Korrektur über die Einflussnahme auf die Schultern des Pferdes aus. Ich führe das Pferd am äußeren Zügel, der innere fragt nach der Stellung durch leichtes Vibrieren oder Paraden, welche am äußeren Zügel abgefangen werden, um die Genickposition zu sichern.
Es gibt auch Ausbilder, welche ein Travers nicht an der äußeren Seite des Pferdes, sondern an der inneren erarbeiten und das Pferd mit der Kruppe nach innen auf sie zutritt. In dieser Position kann man sicher-

Nina im Traversgalopp: Der äußere Zügel wird nicht so nah am Gebiss gefasst, um in den höheren Gangarten die nötige Distanz zum Pferd zu sichern.

lich durch Hilfengebung mit der Gerte, das innere Hinterbein zu mehr vorwärts-seitwärts aktivieren. Für mich birgt diese Herangehensweise aber ein Risiko, dass sich das Pferd später beim Anpiaffieren mit der Kruppe herein schief machen wird, sobald es mit der Gerte berührt wird. Das ist sehr aufwendig zu korrigieren und für das Pferd meist unverständlich, warum es in der Piaffe gerade zu bleiben hat. Aber – viele Wege führen nach Rom – ich lehre das Travers ausschließlich wie hier beschrieben.

Alle Seitengänge können auch im Trab und Galopp an der Hand gearbeitet werden. Die Versammlungsfähigkeit der Pferde muss Voraussetzung sein, da das Ganze sonst in ein auseinandergefallenes „Davonrennen" ausartet, was nicht mehr förderlich für den Körper des Pferdes ist. Wann immer man das Gefühl hat, das Pferd wird schwer in der Hand und stützt sich auf dem Zügel ab, muss vermehrt nachgetrieben werden.

Uranio im Galopp: Einleitung ins Travers zu Beginn der langen Seite. Es wirkt beeindruckend, wie sich ein solch großrahmiges Pferd an der Hand führen lässt.

PIROUETTEN IM SCHRITT

Die Pirouette ist als Ergebnis der vorherigen Lektionen leicht zu erarbeiten und wurde in Teilen schon beim Travers vorbereitet.

Suna in der Schrittpirouette nach links, die Vorhand wird um die aktive Hinterhand geführt.

Bei den Pirouetten wird die Vorhand um die aktive Hinterhand geführt. Das Pferd ist in Bewegungsrichtung gestellt und gebogen. Die Hinterhand bewegt sich in einem kleinen Kreis, wobei sie nicht kreuzen und keinesfalls stehenbleiben und sich nur drehen darf.
Für mich ist die Lektion ein Resultat aus vorangegangenen Seitengängen und in diesen teilweise bereits enthalten.
Als Vorbereitung dient an der Hand, anders als unter dem Sattel, das Travers, bei welchem man die Schultern bereits sehr gut unter Kontrolle haben muss. Beim Durchschreiten der Ecken im Travers kann man bereits eine ¼-Pirouette erarbeiten. Hierzu wird der Radius der Hinterhand über Stimme oder eventuelles Touchieren verringert, diese aber aktiv gehalten. Man dreht sich bei der Pirouette mit dem Oberkörper vermehrt Richtung Pferdekörper. Der äußere Zügel wirkt über sanfte Paraden kontrollierend und temporeduzierend. Die Vorhand wird um die Hinterhand geführt, der Ausbilder muss mitgehen, da man am Boden in der Pirouette außenstehend den längeren Weg hat und das Pferd ansonsten in seinem Umschreiten der Hinterhand behindert.

Navaro wird am äußeren Zügel geführt, der innere ist stellunggebend. Man bewegt sich in Richtung Pferdeschulter, das Pferd weicht von dieser Schulter.

☞ SCHRITTPIROUETTE NACH LINKS

01 Nina in der Schrittpirouette

02 Die Hinterbeine fußen aktiv ab.

03 Der innere Zügel stellt und unterstützt richtungsweisend, ...

04 ... der äußere Zügel führt.

Renvers im Schritt: Das innere Hinterbein wird durch die Bande begrenzt, die Muskulatur der Hinterhand zeigt, wie viel Lastaufnahme diese bei der Übung bereits übernimmt.

RENVERS

Renvers ist die Konterlektion zum Travers. Die Kruppe befindet sich auf dem Hufschlag und die Vorhand auf dem zweiten Hufschlag.

Das Pferd ist beim Renvers, identisch zum Travers, in Bewegungsrichtung gestellt und gebogen. Der einzige Unterschied ist, dass die Hinterhand durch die Bande kontrolliert wird und wir somit kein Entziehen über eine zu starke Biegung haben. Das Pferd wird quasi eingerahmt durch die Bande und den Menschen, welcher es führt. Je erhabener und versammelter das Pferd im Renvers gearbeitet wird, desto größer ist der Nutzen, den der Ausbilder aus diesem Balancezustand ziehen kann. Schon Gustav Steinbrecht hat in seinem Buch „Das Gymnasium des Pferdes" festgehalten, dass ein korrekt im Renvers gearbeitetes Pferd an Schönheit, Gewandtheit, Erhabenheit und Reinheit des Ganges gewinnen wird.

VORBEREITUNG

Ich erarbeite Renvers gerne auch vor dem Travers und es ist für mich eine der Schlüssellektionen an der Hand, um ein Pferd zu formen und vollends geschmeidig zu machen. Außerdem ist es die Lektion, die, richtig ausgeführt, zum Erarbeiten der Piaffe den Grundstein legt. Man kann das Renvers durch die Umstellung an der Bande aus dem Schulterherein entwickeln sowie aus einer Vorhandwendung übergehend in eine Renversvolte. Da ich in einem gesonderten Kapitel auf die Pirouette-Renversée eingehen werde, beschäftigt sich dieses Kapitel mit der Entwicklung des Renvers aus dem Schulterherein auf gerader Linie.

POSITIONIERUNG DES MENSCHEN

Die Grundposition ist dieselbe wie im Schulterherein. Zu Beginn der langen Seite stellen wir nun das Pferd in Bewegungsrichtung. Der neue äußere Zügel begleitet die Umstellung und wirkt, wenn nötig, zur Genickstabilisierung in die Maulwinkel ein. Durch die vorangegangenen Lektionen hat unser Pferd gelernt, die Vorhand und durch feinste Hilfen seine Schultern zu manövrieren. Es sollte möglich sein, das Pferd in dieser Position einzurahmen. Das innere Hinterbein des Pferdes kann, nunmehr bedingt durch die Bande und den geringen Grad der Abstellung, nur vorwärts-seitwärtstreten und muss quasi vermehrt Last aufnehmen. Auch das äußere Hinterbein lässt sich in dieser Lektion zu einem fleißigen Abfußen anregen. Mit einer Parade beim Aufsetzen des äußeren Hinterbeines kann man dieses außerdem zu mehr Lastaufnahme durch „Ausharren" auffordern. Das Pferd muss im Renvers erhaben werden, vor der Ecke müssen die Schultern kontrolliert werden, da die Hinterhand den längeren Weg hat und verhindert werden muss, dass das Pferd auf die Schultern kommt.

01 Die Grundposition im Renvers: In Bewegungsrichtung gedreht, den stellungsgebenden inneren Zügel führe ich nah am Pferdekörper, den äußeren Zügel im Schritt nah am Gebiss – die Gerte zeigt nach unten.

02 Im Renvers durch die Ecke: Die Vorhand hat den kürzeren Weg durch die Ecke und muss kontrolliert werden.

01

02

☞ RENVERS ENTWICKELT AUS DEM SCHULTER-HEREIN

01 Navaro im Schulterherein

02 Navaro wird gerade gestellt und die Vorhand vermehrt nach innen geführt, da das anschließende Renvers auf vier Hufschlägen geführt wird.

03 Navaro beim Umstellen in Bewegungsrichtung

04 Navaro gestellt und gebogen in Bewegungsrichtung, das Genick muss noch höher positioniert werden.

05 Navaro im Renvers: Ein Aktivieren der Hinterhand und ein Einwirken in die Maulwinkel bewirken die korrekte Stellung und Genickposition.

01

02

03

04

05

01 Ilustrado auf der Zirkellinie in Renversstellung im Trab. Diese Übung kräftigt die Pferde und macht sie geschmeidig.

02 Ilustrado benötigt viele Pausen, um sich ausgiebig zu strecken. Die Muskulatur muss sich zwischendurch immer wieder erholen dürfen.

01

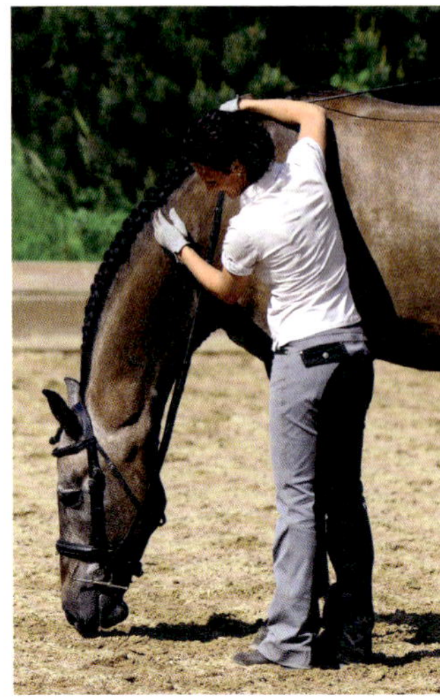

02

RENVERS IM TRAB

Gerade das Renvers hilft enorm beim Muskelaufbau und fordert viel Kraft von den Pferden. Es muss selbstverständlich sein, dass hier schonend vorgegangen wird. Zu Beginn immer nur kurze Reprisen erarbeiten. Pausen zulassen, bei denen sich das Pferd ausgiebig strecken darf.

RENVERS IM GALOPP

Je nachdem, für welchen Hufschlag sich der Ausbilder zum Schreiten entscheidet, bestimmt er auch den Grad der Biegung des Pferdes, da die Hinterhand durch die Bande „fixiert" wird.

01 Nina im Renvers im Galopp in Bewegungsrichtung gestellt und gebogen.

02 Auch ein großes Pferd kann an der Hand galoppieren. Man darf ein zügiges Mitschreiten nicht vergessen, da man die Pferde ansonsten ausbremst und in ihrem Takt stören würde.

01

02

Navaro schreitet in Renversposition auf einer kleinen Volte. Die Hinterhand kreuzt dabei, die Vorhand nicht. Der Ausbilder muss darauf achten, immer wieder einen kleinen Schritt rückwärts zu treten, um das Vorwärts der Übung zu sichern.

PIROUETTE-RENVERSÉE

Die Pirouette in Renversstellung ist eine wunderbare Übung, um die Pferde um sich herum in Versammlung zu balancieren.

Das Pferd ist in Bewegungsrichtung gestellt und gebogen, schreitet mit der Vorhand einen kleinen Kreis und kreuzt mit den Hinterbeinen. Je nach Versammlungsgrad beinhaltet die Pirouette-Renversée schon die Piaffe. Über ihre Entwicklung aus dieser Lektion kommen wir in einem eigenen Kapitel zu sprechen. Wichtig ist, dass die Pirouette-Renversée in einem ruhigen Tempo ausgeführt wird, da sie eine versammelnde Lektion ist, welche Hankenbeugung fordert. Im überhöhten Tempo lässt man dies nicht zu und der positive Effekt der Lektion geht verloren. Den größten Vorteil der Übung sehe ich in einer absoluten Kontrolle der Vorhand und somit der Möglichkeit, das Pferd geradezurichten und in einen perfekten Balancezustand zu versetzen. In dem Moment, in dem das Pferd ausbalanciert ist und Last aufnimmt, wird es sich aufrichten, großmachen und wird uns ein Gefühl der absoluten Leichtigkeit vermitteln. Man hat nichts mehr in der Hand.

VORBEREITUNG

Erarbeitet wird die Pirouette-Renversée aus dem Schulterherein auf einer Volte um uns herum oder aus dem Renvers in eine Volte übergehend. Aus dem Schulterherein muss das Pferd umgestellt werden und mit der Gerte begleitet werden, so dass die Hinterhand weiterhin aktiv übertritt. Aus dem Renvers heraus muss die Vorhand in einen kleineren Kreis geführt werden bei gleichbleibender aktiver Hinterhand. Die Vorhand muss nun auf einem kleinen Kreis gehalten werden, ohne dass die Vorderbeine kreuzen. Um die kreisförmige Linie der Vorhand zu garantieren, müssen wir immer wieder einen Schritt zurücktreten. Ansonsten laufen wir Gefahr, dass die Vorhand kreuzt oder sogar die Beine aneinanderstoßen. Um die Vorhand auf die Hinterhand einzustellen, muss die Einwirkung auf das Pferdemaul immer an beiden Zügeln gleichzeitig geschehen, zusätzlich geht man im selben Moment einen Schritt rückwärts. Sobald die Schultern des Pferdes leicht werden, folgt unmittelbar ein Nachgeben mit der Hand. Dieses gleichzeitige Einwirken mit beiden Zügeln ist identisch mit dem Kontrollieren der Schultern im Übertreten, nur dass das Pferd jetzt in Bewegungsrichtung gestellt und gebogen ist.

SICHT DER OSTEOPATHIN

Durch die starke Lateralflexion erlangt man Zugriff auf die Rückenmuskulatur und erreicht eine Dehnung der gesamten kontralateralen Körperhälfte. Durch die Rotation des Brustkorbes erreicht man außerdem den M. trapezius. Bei dieser Übung werden durch die hohe Versammlung Gleichgewicht und Koordination geschult und eine positive Spannung erlangt. Die Gelenksbiegung bringt mehr Kontrolle und Versammlungsfähigkeit, dadurch wird mehr Lastaufnahme des inneren Hinterbeins ermöglicht.

Die Renvers-Pirouette von hinten: Ein kurzes Einwirken an beiden Zügeln gleichzeitig in Richtung des Ausbilders bewirkt die Kontrolle der Vorhand.

POSITIONIERUNG DES MENSCHEN

Wir positionieren uns auf Schulterhöhe und tragen beide Arme entspannt vor uns. Da wir vom Pferd erwarten, dass es sich aufrichtet und vorne größer wird, müssen auch wir den Brustkorb anheben und eine positive stolze Körperhaltung haben. Die Gerte zeigt Richtung Oberschenkel wobei ich sie nicht zwingend wie einen Degen halten muss. Um die korrekte Stellung zu gewährleisten, darf das Genick mit leichten vibrierenden Paraden beeinflusst werden. Auch hierbei kann ein eventuelles Verwerfen des Genicks am äußeren Zügel in Richtung Maulwinkel korrigiert werden. Erst wenn sich das Pferd völlig eigenständig trägt und wir nicht mehr einwirken müssen, hat die Übung den größten Effekt. Das Pferd wird in einen neuen Balancezustand versetzt, indem es gerade wird, ohne geradeaus zu gehen. Wer einmal ein Pferd unter dem Sattel in der Pirouette-Renversée gearbeitet hat weiß, was damit gemeint ist, wenn man sagt, dass das Pferd in dieser Lektion, richtig ausgeführt, „breit" wird. Es wirkt stabil und der Hals wird breit. Muskellöcher vor der Schulter wirken auf einmal wie ausgefüllt. Richtig gearbeitet hat diese Lektion einen ähnlich positiven Effekt auf die Muskulatur wie die Piaffe.

Die Pirouette in Renversstellung kann man sogar im Trab verlangen. Der Radius ist deutlich größer, die Pferde werden bei dieser Übung kraftvoll und dynamisch. Die Vorhand wird leicht, man erkennt eine Bergauftendenz.

TRAVERSALE

Bei der Traversale ist das Pferd, wie auch im Travers und Renvers, in Bewegungsrichtung gestellt und gebogen und bewegt sich wie an einem Faden gezogen.

Für mich ist die Traversale im Trab unter dem Sattel ein Prüfstein, inwieweit mein Pferd versammlungsfähig ist und sich korrekt biegt und stellt. An der Hand sieht man sie meist nur im Schritt ausgeführt, je nach Versammlungsgrad des Pferdes kann die Traversale aber auch im Trab und Galopp gezeigt werden. Ein großer Unterschied zur Arbeit

Korrekte Positionierung der Ausbilderin in der Trabtraversale. Das Pferd ist in Bewegungsrichtung gestellt und gebogen.

unter dem Sattel liegt auch hier darin, dass ich ein eventuelles Verwerfen durch eine Aufwärtsparade am äußeren Zügel zur Genickstabilisation korrigieren kann. Das ist so unter dem Sattel nicht möglich. Hier sieht man häufig Reiter, die entgegen der Bewegungsrichtung sitzen, weil das innere Hinterbein sich nicht entsprechend beugt und den Reiter deshalb nicht in die Bewegungsrichtung sitzen lässt. Auch sieht man sehr oft, dass die Reiter stark am inneren Zügel einwirken und mit dem äußeren Schenkel das Pferd in die gewünschte Bewegung drücken. Das ist keine korrekte Traversale. Wer einmal gespürt hat, in welcher Harmonie und mit welcher Leichtigkeit diese Lektion zu reiten ist, wird sich, mit einer über Kraft gerittenen Traversale nicht mehr zufriedengeben. Hier gilt es, dem Pferd bei der Ausbildung Zeit zu geben. Solange die Traversale im Trab nicht mit leichtester Hilfe korrekt auszuführen ist, sollte man sich auf den Schritt beschränken oder sich mit wenigen Tritten z. B. ausgeführt aus der Ecke kehrt, zufrieden geben.

Suna in der Traversale: Die Vorhand müsste noch mehr führen. Die Ausbilderin hat die Kopf-/Halsposition im Blick.

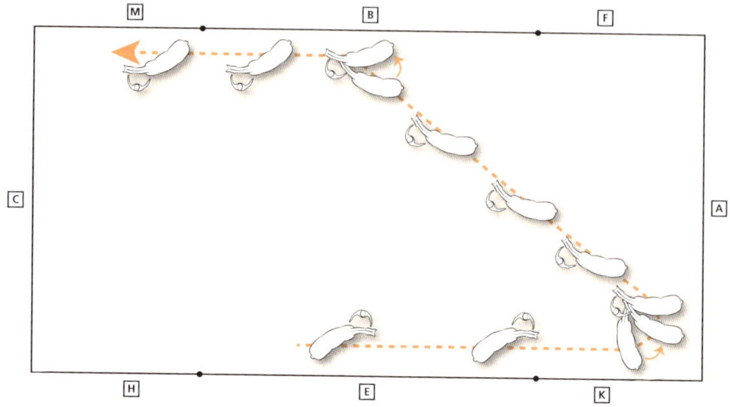

Renvers, Pirouette-Renversée, Traversale, Renvers

Ilustrado beendet die Traversale am Hufschlag.

VORBEREITUNG

Entwickeln kann man die Traversale an der Hand aus dem Travers, wobei hier die Schwierigkeit wieder einmal im Vorauseilen der Hinterhand liegt. Es muss sichergestellt sein, dass die Vorhand kurz nach dem Abwenden wieder die Führung übernimmt. Eingeleitet wird die Traversale aus dem Travers über eine Pirouette, in der die Vorhand um die aktive Hinterhand geführt wird.
Ich erarbeite die Traversale wie in der Abb. oben zu sehen, gerne aus der Pirouette-Renversée vor der kurzen Seite und führe aus der Pirouette-Renversée dann die Vorhand im richtigen Moment in die Traversale. Die Hinterhand folgt dann von ganz alleine. Beim Erreichen des Hufschlags mündet die Traversale dann wieder in ein Renvers.

POSITIONIERUNG DES MENSCHEN

Die Position des Ausbilders ist im Schritt noch leicht vor der Schulter. Der äußere Zügel wird nahe am Gebiss geführt. Das Seitwärts in der Traversale bzw. den Winkel reguliert man über den äußeren Zügel. Nimmt man diesen vermehrt an, führt man die Hinterhand näher an die Vorhand. Möchte man die Vorhand vermehrt zum Führen bringen, so begleitet man mit einem ausgestreckten Arm die Traversale mit einem leichten Druck gegen das Gebiss bei feinem Annehmen des stellunggebenden inneren Zügels. Unterstützt wird, wenn nötig, über einen Impuls mit der Stellungszügelhand an der äußeren Schulter.
Im Trab positioniert sich der Ausbilder an oder sogar kurz hinter der Schulter. Der äußere Zügel wird nicht mehr unmittelbar am Trensenring, sondern weiter hinten geführt. Die genaue Position sollte der Ausbilder spüren, die Traversale soll fließend sein. Das Mitschreiten darf den Fluss der Traversale nicht unterbrechen, es muss genauso

geschmeidig sein wie der Bewegungsablauf des Pferdes. Ob man etwas weiter vorne oder weiter hinten geht, den äußeren Zügel länger oder kürzer führt, ist dabei nicht für das Gelingen ausschlaggebend, solange natürlich die Stellung des Pferdes korrekt und ohne Verwerfen ist. Ich habe einige Pferde in meiner Ausbilderzeit erlebt, die Jahre benötigten, um eine korrekte Traversale durch die gesamte Diagonale zu gehen. Immer wieder war es der innere Schenkel, welcher zuständig für die Biegung ist, der nicht ausreichend angenommen wurde. Es gilt auch hier, dem Pferd die nötige Zeit zu lassen und falls Schwierigkeiten auftreten, lieber noch einmal an der entsprechenden Vorbereitung zu arbeiten. Meist gelingt sie auf einmal wie von Geisterhand. Dasselbe gilt für die Traversale an der Hand erarbeitet.

Auch an der Hand kann schwungvoll gearbeitet werden, wie Desejo in dieser Trabtraversale zeigt, die etwas mehr gestellt und gebogen sein dürfte.

Navaro in der Linkstraversale: Der äußere Zügel bewirkt hier zusätzlich ein Öffnen des Ganaschenwinkels.

PIAFFARBEIT

— *ein weiterer Meilenstein in der Ausbildung*

ENTWICKLUNG DIAGONALER TRITTE

Durch die Seitengänge vorbereitet gilt es nun die Versammlungsfähigkeit weiter auszubauen. Geduld und Zeit führen zum Ziel.

Durch ein Arbeiten in der Pirouette-Renversée ist unser Pferd bereits in einer guten Balance. Es ist leicht in der Hand, ein wenig nach außen gestellt und gebogen und man kann die Vorhand, vor allem die äußere Schulter begrenzen und auf die Hinterhand einstellen. Das Pferd fängt an, sich im Hals zu runden, das Genick sollte der höchste Punkt sein. Außerdem sollte es fleißig abfußen und ein Aufwölben des Rückens erkennbar sein. Der Vorteil des Erarbeitens der Piaffe aus der Pirouette-Renversée ist sicherlich, dass das Pferd sich nicht eingeschränkt fühlt durch eine Begrenzung der Bande. Ein weiterer Vorteil liegt darin, dass keine zweite Person benötigt wird. Um diagonale Tritte zu erarbeiten, braucht es ein sehr gut vorbereitetes Pferd, das auf feinste Hilfen reagiert. Lässt sich das Pferd nicht versammeln und durch die Zügelhilfen führen, so ist es in der Ausbildung noch nicht weit genug fortgeschritten.

Uranio wird in einer ausdrucksstarken Piaffe am halblangen Zügel geführt und ausschließlich über Stimme begleitet.

POSITIONIERUNG DES MENSCHEN

Man positioniert sich wie bei der Pirouette-Renversée auf Höhe der Schulter des Pferdes. Nicht zu nah am Pferd und so weit weg, dass man einen Überblick über das gesamte Pferd hat. An welcher Stelle genau der äußere Zügel gehalten wird, hängt mit der vorhandenen Balance des Pferdes zusammen. Ein noch unausbalancierteres Pferd begleitet man leichter, indem der Zügel ca. 15 – 20 cm vom Gebissring entfernt gehalten wird. Die Einwirkung erfolgt nach oben oder gegebenenfalls seitlich. Der innere Zügel wird in der Nähe des Widerristes geführt und läuft in einem Abstand vom Hals in die Hand des Ausbilders. Der Ausbilder trägt die Arme angehoben und sollte sich genauso stolz und erhaben positionieren, wie er es von seinem Pferd einfordert. Es kommt jetzt auf die korrekt aufeinander angepasste Hilfengebung an. Auch an der Hand arbeite ich nach dem Prinzip Hand ohne „Bein", also treibende Hilfe, und „Bein" ohne Hand.

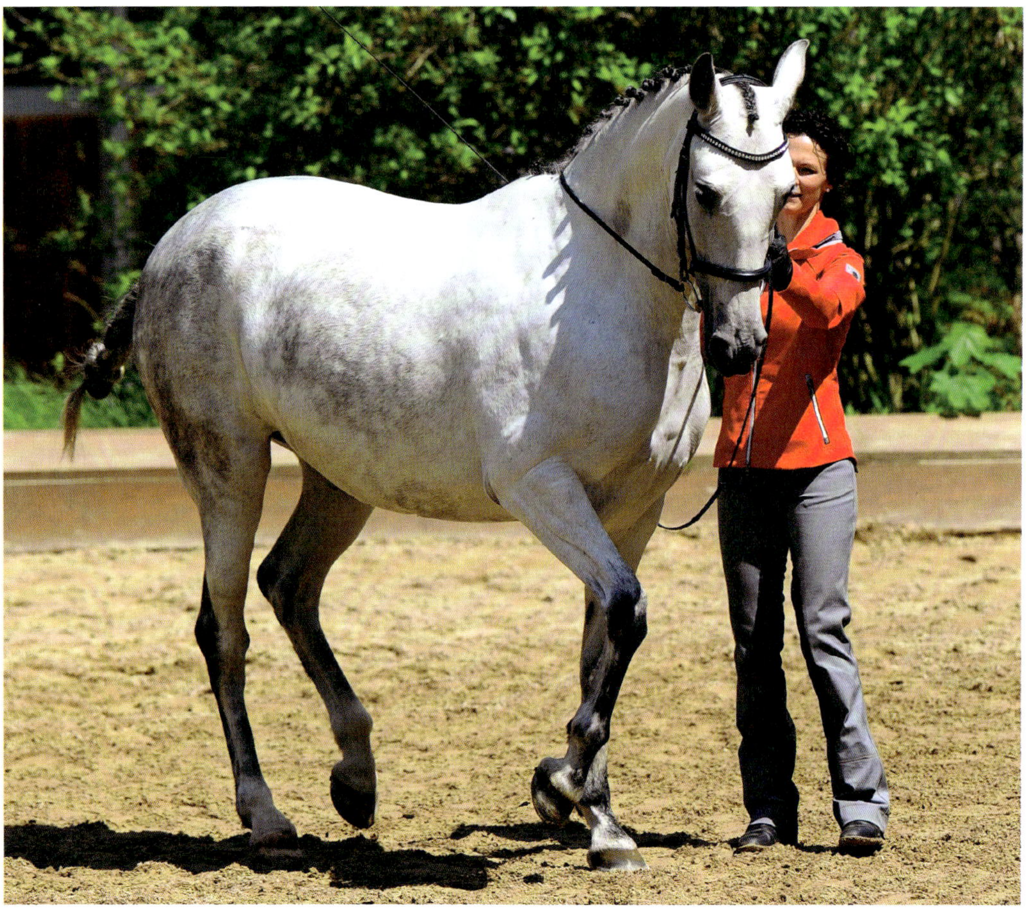

PRE-Stute Nina: Die Ausbilderin muss die Stute noch über eine recht direkte Zügelführung begleiten.

Die Aubilderin wählt einen größeren Abstand zum Pferd, dementsprechend länger wird der Zügel geführt.

HILFENGEBUNG

Bei der Pirouette-Renversée wird das äußere Hinterbein durch ein Touchieren am Oberschenkel zum Übertreten animiert. Um die ersten diagonalen Tritte zu erhalten, muss dem Pferd verständlich gemacht werden, dass es jetzt nicht mehr mit dem äußeren Hinterbein übertreten soll und gleichzeitig auch das innere Hinterbein verkürzt vorwärts setzen soll. Hierzu touchiert man die äußere Kruppe vom Pferd und fängt diese Motivation unmittelbar über eine Parade an beiden Zügeln ab. Das Pferd fußt nun verkürzt und weicht nicht mehr seitlich. Je nachdem, wie feinfühlig das Pferd ist, benötigt es oft nur leichteste Hilfengebung und die ersten diagonalen Tritte können abgefragt werden. Zu Beginn gibt man sich mit nur sehr wenigen Tritten zufrieden. Das Anpiaffieren wird immer im Vorwärts gehalten und auch nach den ersten diagonalen Tritten wird das Pferd wieder ins Vorwärts entlassen. Fast ausnahmslos kommentieren die Pferde diesen Grad der Versammlung mit einem kraftvollen Abschnauben, wodurch die Leistungsbereitschaft und Anstrengung gezeigt wird. Die Dosis der treibenden Hilfen muss vom Ausbilder erfühlt werden. Wie immer bei der Ausbildung des Pferdes sollte man sich keine Fehler in Form von Überforderung oder falscher Hilfengebung erlauben. Deshalb gilt es zu sagen, dass die Ausbildung des Pferdes auf diesem Niveau nur von erfahrenen Personen durchgeführt werden sollte.

Hat das Pferd die Hilfengebung verstanden und lässt sich durch Annehmen des äußeren Zügels kontrollieren und führen, so ist der nächste Schritt das Piaffieren an der Bande oder auf dem Hufschlag mit Begrenzung. Jetzt stabilisiert die Bande das Pferd und wird es nicht mehr einschränken. Der Ausbilder muss sehr viel Gefühl bei der Hilfengebung beweisen, da er sehr nah am Pferd steht und zugleich treibende

Die Piaffe im perfekten Balancezustand. Visuelle Achsen dienen der Orientierung

Desejo fällt die Piaffe frei ohne Bande leicht, er ist ein bereits sehr ausbalanciertes Pferd.

und regulierende Hilfen anwendet. Das Pferd muss in dem Maße motiviert werden, dass es fleißig abfußt, doch das nicht nach vorne, sondern vermehrt nach oben mit deutlicher Hankenbeugung. Durch die Vorbereitung bleibt es durch ensprechende Hilfengebung am Platz und stürmt nicht davon. Diese Abfolge der Hilfengebung fordert viel Geschick des Ausbilders, da auch nur das kleinste Versäumnis, schnell genug nachzugeben, das Pferd demotiviert und es sich schlimmstenfalls durch ein Davonstürmen entziehen will. Das Pferd darf niemals in eine feststehende Hand getrieben werden. Viele unterschiedlichste Pferde, alleine an der Hand ohne Ausbinder, in korrekter Art zu piaffieren, fordert größtes Geschick und Gefühl. Wieder einmal kommt es auch auf die Pausen für Körper und Geist an. Hat man diesen Grad der Ausbildung erreicht, so kann man förmlich zusehen, wie die Pferde erneut aufmuskeln. Nicht selten muss der Sattler nach kurzer Zeit wiederkommen und Anpassungen vornehmen, weil der Trapezmuskel ausgelegt hat.

ENTWICKLUNG DER PIAFFE MITHILFE EINER ZWEITEN PERSON

Mithilfe einer zweiten Person können wir ein Pferd ebenfalls in der Piaffe arbeiten. Die Vorbereitung erfolgt meiner Meinung nach trotzdem immer über eine solide Vorbereitung durch eine Person. Diese Vorbereitung fordert viel Zeit. Das Pferd muss den äußeren Zügel vollends akzeptieren und sich durch Paraden entsprechend im Tempo regulieren lassen. Ein Ausbrechen des Pferdes über die äußere Schulter an der Hand ist für mich ein Indiz, noch nicht mit der Piaffe zu beginnen, da die Gefahr zu groß ist, dass sich das Pferd durch ein Davonstürmen nach vorne, der Arbeit entziehen möchte. Ist dies einmal geglückt, wird es schwer sein, dieses Verhalten zu korrigieren. Deshalb setze ich immer auf die entsprechende Vorbereitung, um solche Fehler erst gar nie einkehren zu lassen. Einen großen Vorteil hat die Erarbeitung der Piaffe an der Hand zu zweit. Nämlich den, dass die zweite Person, welche die treibende Funktion übernimmt, durch die Distanz zum Pferd einen besseren Überblick hat. Von der Seite sieht man genau und präzise, wie sich das Pferd bewegt, welches Bein mehr Schwierigkeiten mit der Lastaufnahme hat, ob das Pferd gerade bleibt oder über welche Schiefe es versucht, sich die Übung zu erleichtern. Wie ist die bevorzugte Kopf-/Halsposition, wie steht diese im Zusammenhang mit dem Rest des Körpers? Wie verlaufen die Körperachsen? Stützt sich das Pferd vermehrt auf die Vorhand, stehen die Vorderbeine rückständig oder gar nach vorne aus der gewünschten senkrechten Achse heraus? All diese Merkmale weisen mir die entsprechende Hilfengebung – niemals darf ein Schema F bei der Herangehensweise verfolgt werden. Durch die Distanz zum Zügel führenden Bodenmann ist es leichter, das Pferd zu motivieren, da die treibenden und begrenzenden Hilfen

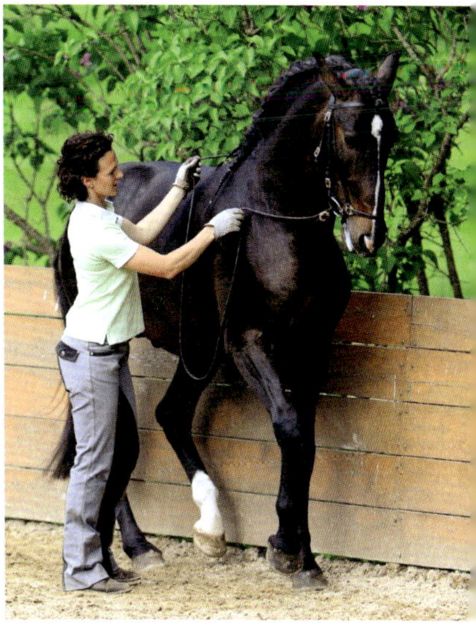

Lusitanohengst Fantasma profitiert von der gemeinsamen Arbeit an der Hand und wird durch die ersten Piafftritte gekräftigt.

Entzieht sich das Pferd der korrekten Piaffe, gilt es mit viel Wissen, Können und Gefühl zu korrigieren. Sehr versierte Ausbilder bedienen sich ggf. auch einem Rückwärtsrichten in der Piaffe, um die Rückständigkeit und Schulterlastigkeit zu beheben.

SICHT DER OSTEOPATHIN

Bei der Piaffe spricht man von einer annähernd gleichen Verteilung der Kraft auf alle vier Beine. Durch Beugung der Gelenke der Hinterhand, Sprunggelenk, Knie und Hüfte erlangt man eine Absenkung der Kruppe und erreicht ein Federn des Beckens. Durch Kontraktion der Bauchmuskeln entsteht ein Aufwölben des Rückens. Dieses macht ihn tragfähig für das Reitergewicht. Die Piaffe bereitet den Körper auf stärkere Belastung vor und trägt somit zur Gesundhaltung des Pferdes bei.

nicht von ein und derselben Person ausgeführt werden. Doch birgt diese Herangehensweise noch mehr Gefahr, das Pferd im Vorwärts zu verlieren, da ein kleinster Fehler beim Motivieren bereits zum „Ausbrechen" führen kann. Als Fehler bezeichnet man das Touchieren in dem Moment, in dem die zügelführende Person gegenhält. Das Pferd fühlt sich unter Druck gesetzt und anstelle mit Hankenbeugung und Versammlung zu reagieren, stürmt es nach vorne. Ich bevorzuge die Herangehensweise, das Pferd alleine anzupiaffieren. Denn nur ich spüre, wenn ich das Pferd am Gebiss begleite, ob es leicht ist, die Paraden akzeptiert und die treibenden Hilfen den gewünschten Effekt haben. Man sieht kaum Ausbilder, die ohne Hilfszügel zu zweit ein Pferd am Boden anpiaffieren. Überhaupt sieht man vermehrt die Bodenarbeit/Handarbeit mit Hilfszügeln ausgeführt, welche es meiner Meinung nach vor allem dem Ausbilder vereinfachen sollen, das Pferd zu stabilisieren, gerade zu halten und eine gewisse Haltung vorgeben. Doch die Kunst dieser Arbeit liegt für mich in der Ausbildung ohne Hilfszügel – denn der Ausdruck, den ein Pferd erlangt, wenn es einmal all seine Kräfte versammelt und voller Stolz in erhabener Haltung neben dem Menschen piaffiert, wird sich von dem jener Pferde unterscheiden, welche diese Übung erzwungen und eingeengt erlernt haben.

Bei Desideria gilt es, die Piaffe zu optimieren. Der Ausbilder hat aus der Distanz heraus einen besseren Überblick. Die Person, welche die Zügel hält, sollte nicht zu nah am Pferd stehen und in diesem Fall über ihre Körpersprache dem Pferd ein Vorwärts erlauben. Stünde sie frontal vor dem Pferd, würde sie eher regulierend einwirken.

Es ist eine Freude, ein 21-jähriges Pferd in dieser Konstitution zu sehen. Der Lusitano Olimpico wird neben einem schonenden Reiten zweimal wöchentlich an der Hand gearbeitet.

POSITIONIERUNG DES MENSCHEN

Die zügelführende Person steht je nach Temperament des Pferdes mit dem Oberkörper frontal zum Pferd gerichtet oder mit etwas Abstand zur inneren Schulter gedreht. Die Zügel sind in Anlehnung immer zum Nachgeben bereit. Die treibende Person steht in einem gewissen Abstand, in dem das ganze Pferd überschaut werden kann und motiviert es durch taktvorgebendes Schnalzen und eventuelles Touchieren. Große Vorsicht ist geboten, das Pferd nicht in dem Moment zu animieren, in dem gerade eine begrenzende Parade gegeben wird. Ob und wie viel im Vorwärts gearbeitet wird, muss vom Ausbilder erspürt werden. Zu Beginn darf das Pferd immer ins Vorwärts piaffiert werden, wie hoch es die Beine nimmt ist völlig irrelevant. Ganz vorsichtig und mit viel Gefühl versucht man dem Pferd ein Taktgefühl für das Diagonalisieren zu vermitteln.

Die Ausbildung bis zu einer fertigen Piaffe kann sehr lange dauern. Um eine korrekte Piaffe zu beherrschen, benötigt das Pferd sehr viel Kraft. Je mehr Kraft das Pferd hat, desto ausdrucksstärker wird auch die Ausführung dieser Lektion. Auch wird jedes Pferd seine eigene Interpretation der Piaffe haben. Natürlich hat der Ausbilder ein Bild von einer perfekten Piaffe vor Augen – doch muss er von dem Zwang loskommen, jedes Pferd in diese Perfektion bringen zu wollen. Die Lektion dient in erster Linie der Kräftigung und Formung des Körpers und Geistes der Pferde.

Die hier abgebildeten Pferde zeigen die Piaffe auf unterschiedlichste Art und Weise, aber alle haben dieselbe ausführliche Vorbereitung genossen.

Wir wollen die Levade gezielt abrufen. Ein sich aus der Piaffe in die Levade entziehen ist nicht gewünscht.

PIAFFE

— Hohe Anforderung an Balance und Versammlung

Der 9-jährige Lusitano-Wallach Geronimo ist an der Hand bereits sehr weit ausgebildet. Körperlich hat er keine Defizite und ihm gelingen auch schwierige Lektionen mühelos mit viel Ausdruck.

01

02

03

Niemals dürfen wir das Pferd in der Piaffe mit grober Zügeleinwirkung auf der Stelle halten. Lediglich Paraden und die Akzeptanz des äußeren Zügels begrenzen das Vorwärts. Erst, wenn diese Akzeptanz vollständig vorhanden ist, dürfen wir das Pferd touchieren, ansonsten würde es die Flucht nach vorne ergreifen. Dieses Stadium erreicht man aber erst nach der Grundausbildung an der Hand und man darf bei der Ausbildung nicht den 5. Schritt vor dem 2. machen. Mal eben die Piaffe an der Hand erarbeiten funktioniert nicht. Es wird viel Geduld vom Pferdebesitzer gefordert, wenn die Pferde die Piaffe an der Hand lernen sollen und zuvor niemals an der Hand gearbeitet wurden. Passieren Fehler beim Erlernen der Piaffe und entzieht sich das Pferd der Aufgabe, bleiben diese Erfahrungen oft ein Leben lang im Gedächtnis verankert und sind nur äußerst schwer zu beheben. Beim Erarbeiten der Piaffe sieht man fast ausschließlich Bilder und Herangehensweisen, bei denen der Bodenmann frontal vor dem Pferd steht. In dieser Position wirken wir sehr „verbremsend" auf das Pferd. Viele Pferde entfalten sich nicht in dieser Position, weil ihnen das Vorwärts genommen wird. Viele Ausbilder schwören aber gerade auf diese Herangehensweise. Die Piaffe ohne Bande zum „Anlehnen", ist die schwierigste Version der Piaffe an der Hand. Das Pferd ohne Gewichts- und Schenkelhilfe, schnurgerade zu halten, von Kopf bis Schweif, setzt absolute Balance und Akzeptanz der Hilfen voraus.

04

05

01 – 03
Die seitliche Position neben dem Pferd kann bei der Piaffarbeit sehr motivierend wirken. Wenn man das Pferd dann auch noch in eine „Freiheit auf Ehrenwort" entlassen kann, bestätigt dies die Korrektheit des Ausbildungsweges.

04
Beim Erarbeiten der Piaffe sieht man fast ausschließlich Bilder und Herangehensweisen, bei denen der Bodenmann frontal vor dem Pferd steht. In dieser Position wirken wir sehr begrenzend auf das Pferd. Viele Pferde entfalten sich nicht in dieser Position, weil ihnen das Vorwärts genommen wird. Ist dies der Fall, stellt man sich neben das Pferd und vermittelt ihm so mehr Freiheit. Auch die Stelle, an der wir mit der Gerte touchieren, ist von Pferd zu Pferd unterschiedlich und immer abhängig von der Reaktion des Pferdes. Der Ausbilder sollte über so viel Gefühl verfügen, die richtige Stelle (die, bei der das Pferd die gewünschte Reaktion zeigt), zu finden und nicht stumpf ein Muster verfolgen.

05
Die Piaffe ohne Bande zum „Anlehnen", ist die schwierigste Version der Piaffe an der Hand. Das Pferd ohne Gewichts- und Schenkelhilfe, schnurgerade zu halten, von Kopf bis Schweif, setzt absolute Balance und Akzeptanz der Hilfen voraus.

GALOPP

— *Mit Ausdruck bergauf*

AUF GEBOGENER LINIE

Die ersten versammelten Galoppsprünge werden am besten auf einer Volte erarbeitet. Später kann dann auf größeren Linien gearbeitet werden.

Auch für die Galopparbeit dient die Renvers-Pirouette als Vorbereitung. Nur so ist es möglich, die Pferde am äußeren Zügel zu führen und die ersten Galoppsprünge, auf einer kleinen Volte, um uns herum zu verlangen. Versammlungsfähigkeit ist absolute Voraussetzung für die Galopparbeit an der Hand. Auch muss das Pferd bereits sehr gut balanciert sein und die feinsten Zügelhilfen annehmen. Die Piaffarbeit geht der Galopparbeit an der Hand voraus. Gerade beim Erlernen des Galopps an der Hand muss man darauf achten, immer große Schritte neben dem Pferd zu schreiten. Je versammlungsfähiger das Pferd ist, desto ruhiger kann man neben ihm schreiten.

Eine kraftvolle Bergaufgaloppade ist auch an der Hand möglich, hier mit Lusitanohengst Desejo.

Der Rechtsgalopp fällt der Stute deutlich leichter. Der innere Zügel hat hier eine sichtbar untergeordnete Aufgabe und begleitet nur stellungsgebend in feinster Anlehnung.

Zum Angaloppieren empfiehlt sich, ein bereits bei der Longenarbeit erlerntes Stimmkommando zu verwenden. Der Galopp wird dem Pferd auf einer Seite wesentlich leichter fallen. Zum Erlernen ist es sinnvoll, zuerst die gute Seite zu fördern und wenn das Pferd verstanden hat, was von ihm verlangt wird, die schwierigere Seite zu verbessern. Da der Galopp auf einer Volte erarbeitet wird und gewährleistet sein muss, dass das Pferd nicht über die äußere Schulter ausbricht, ist eine leichte Außenstellung vorteilhaft. Gerade zu Beginn sollte man sich mit nur wenigen Galoppsprüngen begnügen, um dem Pferd die Motivation des Anspringens zu erhalten.

Die natürliche Schiefe macht sich gerade bei der Galopparbeit wieder deutlich bemerkbar. So wird das Pferd auf einer Seite versuchen, auf einem großen Radius zu gehen, aber durch die gute Vorbereitung und das Annehmen des äußeren Zügels lässt sich das Pferd begrenzen und führen. Die andere Seite ist vom Boden aus die deutlich schwierigere.

Desideria auf einer Linksvolte: Leonie passt auf, dass die Stute nicht auf die linke Schulter fällt. Sie trägt dazu die innere Hand deutlich und wirkt in die Maulwinkel ein, um die Stute in ihrer Kopf-/Halsposition zu stabilisieren.

Das Pferd fällt auf dieser Seite auf die innere Schulter und man hat seine Mühe, es auf der Volte zu halten. Hier muss der innere Zügel durch Einwirkung in die Maulwinkel die innere Schulter freier machen und somit die Linienführung erhalten. Die Schwierigkeit liegt darin, diese Einwirkung so zu gestalten, dass man dem Pferd nicht die Aktivität des inneren Hinterbeines nimmt. Das Treiben und Vorwärts muss auf dieser Seite noch intensiver erfolgen. Es ist ein sehr anspruchsvolles Unterfangen, das viel Gefühl fordert, die Hilfengebung richtig zu dosieren, um das Pferd zu einer eindrucksvollen Bergaufgaloppade zu bewegen. Wie auch beim Reiten sind die Übergänge von größter Bedeutung für das Gelingen der eigentlichen Aufgabe. Wenn der Übergang schon nicht gelingt und der Galopp aus einem auseinandergefallenen Trab entsteht, kann er nicht gut werden. Mit der Zügeleinwirkung muss die Galoppade im richtigen Moment, wenn es bergauf geht, abgefangen werden, so dosiert, dass das Pferd nicht ausfällt.

POSITIONIERUNG DES MENSCHEN

Die Grundposition ist in etwa auf Schulterhöhe, eher noch ein wenig hinter der Schulter. Auf der hohlen Seite stellt man das Pferd leicht nach außen. Die Pirouette-Renversée dient als Vorbereitung, das Pferd zu balancieren und aufmerksam zu machen. Durch ein Stimmkommando versucht man, das Pferd aus dem Schritt anzugaloppieren. Die Gerte zeigt oder berührt zum Angaloppieren, je nach Temperament des Pferdes, die Kruppe bzw. die äußere Kruppenmuskulatur. Ist das Pferd im Galopp, versucht man es durch einen Kontakt am inneren Zügel gerade zu stellen. Der Bodenmann geht auf einem kleinen Kreis mit, um dem Pferd einen größeren Radius zu gewähren. Um die Kadenz zu erhalten, wird nach nur wenigen Galoppsprüngen wieder durchpariert. Dieser Vorgang kann oft wiederholt werden. Ein ausgiebiges Lob motiviert die Pferde. Wir wünschen uns einen ausdrucksstarken Galopp an der Hand. Je länger die Reprisen zu Beginn sind, desto größer die Gefahr, dass mein Pferd auseinanderfällt und lang wird. Sich mit wenig zufriedenzugeben hat beim Erlernen höchste Priorität.

Einhändig geführter Galopp auf der Volte

POSITIONIERUNG DES PFERDES

Bei der schwierigeren steifen Seite sollte das Pferd gerade positioniert sein, damit es nicht unmittelbar beim Angaloppieren durch zu starke Außenstellung auf die innere Schulter fällt. Passiert dies, so wird es dem Pferd schwerfallen, den Galoppsprung zu halten und es wird häufig ausfallen. Auf der steifen Seite empfiehlt es sich, das innere Hinterbein auf Oberschenkelhöhe zu touchieren.
Häufig galoppieren die Pferde auf der schlechten Seite im Außengalopp an. Das liegt daran, dass sie den äußeren Zügel nicht so gut annehmen und sich nicht korrekt nach innen stellen lassen. Um die Pferde nicht zu demotivieren, nehme ich grundsätzlich ein flüssiges Anspringen in den Galopp, egal ob Handgalopp oder Außengalopp, positiv an. Auch ein Außengalopp ist ein Galopp und würde ich sofort anfangen, das Pferd zu korrigieren, demotiviere ich es und laufe Gefahr, dass es nicht mehr mit Eifer bei der Sache ist. Wenn das Pferd die Galopphilfe verstanden hat, wird es anhand der Vorbereitung und Stellung wissen, welcher Galopp von ihm verlangt wird.

01

02

01 Die Warmblutstute Lady Di lässt sich mit feinen Hilfen im Galopp auf den Zirkel führen. Noch muss Ricarda zügig mitschreiten, da ihr Galopp noch nicht so versammelbar ist. Für das phlegmatische Gemüt der Stute ist diese abwechslungsreiche Arbeit von größtem Nutzen.

02 PRE-Stute Nina geht einen sehr gesetzten Galopp und der Ausbilder kann in normalen Schritten neben dem Pferd schreiten.

GALOPP – GANZE BAHN

Eine sehr schwierige Lektion, bei der die Pferde sehr versammelt galoppieren müssen und auf den Erhalt des Dreitaktes zu achten ist.

Da die Pferde, um an der Hand ganze Bahn zu galoppieren, einen enormen Versammlungsgrad erreicht haben müssen, sollte zu Beginn auf dem Zirkel oder in einer Volte der Galopp gefestigt werden. Die Pferde können einen größeren Kreis gehen, müssen sich noch nicht so

Suna im Galopp ganze Bahn im Schulterherein: Das Genick ist leicht verworfen, die Einwirkung am inneren Zügel sollte mehr bergauf geschehen.

stark versammeln und man kann sich mit der Zeit Richtung Bande „tasten“. Es ist beeindruckend, mit welchem Ausdruck und welcher Leichtigkeit auch große Warmblüter an der Hand galoppieren können. Je größer das Pferd oder die Galoppade, desto schwieriger ist es, den Galopp zu erarbeiten.

Der Galopp an der Hand braucht Kraft und diese zu erarbeiten braucht Zeit. Unterschiedlichste Pferde aller Alters- und Ausbildungsstufen galoppieren bei uns an der Hand, und dies immer kraftvoll mit Ausdruck und Kadenz. Ein auseinandergefallenes, schwunglos laufendes Pferd ist auch an der Hand nicht wünschenswert. Der Galopp ist ein Dreitakt und das sollte er auch an der Hand bleiben. Die treibenden Hilfen müssen die verhaltenden überwiegen, ansonsten werden die Bewegungen an Ausdruck und Korrektheit verlieren. Je weiter das Pferd in seinem Ausbildungsstand ist und je ausbalancierter es sich bewegt, desto leichter wird es sein, die Galoppade mit feinsten Hilfen zu begleiten. Im Idealfall eventuell sogar nur noch mit der Körpersprache begleitet.

Für Desejo ist ein Lob die größte Motivation während der Arbeit. Er wächst dann über sich hinaus.

Pure Freude, wenn die Ausbildung mit solchen Momenten belohnt wird.

Aufhören, wenn es am besten ist. Das gilt für die Handarbeit und das Reiten gleichermaßen.

01

02

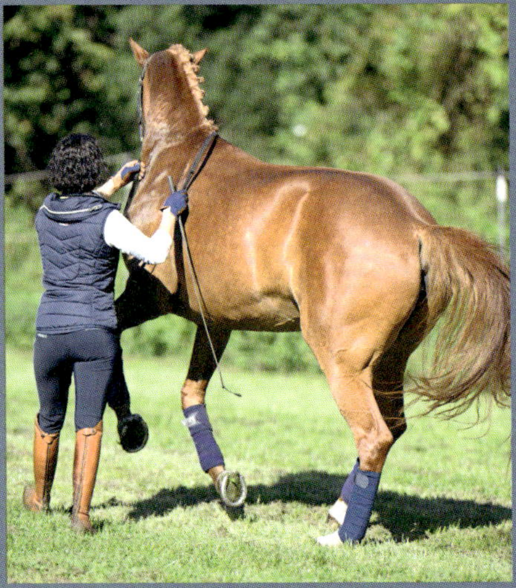

03

☞ GALOPPPIROUETTE – PERFEKTE HILFENABSTIMMUNG

04

05

01 Der Galopp an der Hand im Freien ohne Begrenzung geht generell erst, wenn das Pferd wirklich an den Hilfen steht. Es gäbe viele Möglichkeiten für das Pferd sich zu entziehen, und deshalb mache ich diese Übung erst, wenn ich wirklich sicher bin, dass das Pferd die äußeren begrenzenden Hilfen akzeptiert.

02 – 03 Die Galopppirouette an der Hand gelingt nur wenn sich der Bodenmann auf der Außenseite des Pferdes befindet, da das Pferd sonst gegen den Bodenmann springen würde. Auch hier spielt der äußere Zügel wieder die entscheidende Rolle. Wir müssen in der Lage sein, unser Pferd auf der gewünschten Linie zu halten, der innere Zügel ist zuständig für Stellung und Biegung. Die Gertenhilfe an der Außenseite motiviert zum Unterspringen und Weitergaloppieren. Der Bodenmann hat den weiteren Weg und muss zügig mitschreiten, um das Pferd in seiner Drehbewegung nicht zu behindern. Das Zusammenspiel der treibenden und begrenzenden Hilfen muss hier optimal abgestimmt sein.

04 – 05 Wie eng die Pirouette gedreht wird, hängt vom Versammlungsgrad ab. Je kleiner desto schwieriger. Das Pferd darf nicht aus dem Takt kommen und muss weiter springen, nicht drehen. Schnell passiert es, dass die Pferde über die innere Schulter hineinfallen. Um das zu vermeiden, müssen wir mit einem größeren Radius beginnen und über den äußeren Zügel das Pferd mit Paraden „abfangen". Der innere Zügel sorgt für die Stellung und gibt dem Pferd die Richtung vor, in die es gebogen springen soll.

AUSSENGALOPP
— mal zu Beginn

Die ersten Galoppsprünge auf gerader Linie fallen Pferd und Mensch an der Hand im Außengalopp leichter. Das ist anders als beim Reiten.

Der Außengalopp macht es einem deutlich leichter, die ersten Galoppsprünge aus der Volte heraus auf einen Zirkel oder eventuell bereits ganze Bahn zu gehen. Das liegt daran, dass man das Pferd im Außengalopp einfacher am äußeren Zügel durch eine Aufwärtsparade stabilisieren und versammeln kann. Auch die äußere Schulter kann ich besser begrenzen. Begleitet man das Pferd durch die Wendung, so wirkt man am äußeren Zügel seitlich in die Bahnmitte ein, um die äußere Schulter durch die Wendung zu führen. Versäumt man diese Begleitung, so wird das Passieren der Ecken immer holprig bleiben und eventuell mit einem Ausfallen des Pferdes verbunden sein.

GALOPPWECHSEL

Eine sehr schöne Übung, um die Pferde zu balancieren und im Galopp zu fördern und zu kräftigen, ist der Wechsel vom Außengalopp zum Handgalopp und wieder zum Außengalopp. Das Pferd wird im Außengalopp (seiner bevorzugten Galoppseite) angaloppiert. Mit einem „aus dem Zirkel wechseln" führt man das Pferd dann auf die Handgaloppseite. Man befindet sich nun außen vom Pferd Richtung Hufschlag. Das Pferd hat einen kleineren Radius und wir gehen den größeren, was bedeutet, unsere Schritte müssen länger werden, um das Pferd nicht in seinem Galoppsprung zu behindern. Man führt das Pferd erneut auf eine Zirkellinie, um dann aus dem Zirkel zu wechseln und wieder in den Außengalopp zu gelangen.

01

02

03

04

01 Suna im Kontergalopp leicht gestellt, der äußere Zügel stabilisiert.

02 Mit hoch konzentriertem Blick bei der Arbeit: Uranio im Kontergalopp

03 Nina in der Galoppvolte im Kontergalopp. Je weiter das Pferd an der Hand ausgebildet ist, desto kreativer kann der Ausbilder werden.

04 Desejo im Kontergalopp auf der Volte einhändig geführt.

DER SPANISCHE SCHRITT

— *eine wertvolle Lektion*

GYMNASTIZIERUNG

Der Spanische Schritt verbessert Balance, Schulterfreiheit und bringt Motivation. Er bereitet den Pferden sichtliche Freude, eine natürliche Bewegung wird kultiviert und gymnastiziert den Körper.

Der Spanische Schritt oder auch das „Bein strecken" ist ja wie mittlerweile häufig beschrieben keine Zirkuslektion, sondern eine kultivierte Übung, aus der alle Pferde in vielerlei Hinsicht profitieren können. In der Natur findet man diese Bewegung häufig beim Freilauf im Spiel oder Kampf mit anderen Pferden oder auch nur beim Beschnuppern. Durch gezieltes Anheben der Beine kann man die Schulter der Pferde beweglicher und lockerer machen. Den gymnastizierenden Effekt wird Ihnen jeder Osteopath bestätigen. Die korrekte Ausführung, langsam und schreitend ausgeführt, fördert die Geraderichtung und Balance. Vielen Pferden sieht man die Freude und Motivation bei dieser Übung besonders an. Deshalb baue ich den Spanischen Schritt auch immer wieder innerhalb einer Übungseinheit ein, um positive Abwechslung zu schaffen. Um einen korrekten erhabenen und gleichmäßig ausgeführten Spanischen Schritt zu lehren, braucht es viel Fleiß und Disziplin vom Ausbilder. Häufiges Wiederholen und Kontinuität bringt hier den gewünschten Erfolg.

POSITIONIERUNG DES MENSCHEN

Zu Beginn positioniert man sich in Bewegungsrichtung des geschlossen stehenden Pferdes neben der Pferdeschulter oder frontal zum Pferd gedreht. Ein Anheben des inneren Vorderbeines wird mithilfe der Gerte verlangt. Hierbei reicht schon die kleinste Reaktion. Es empfiehlt sich, die Gerte zu Beginn umzudrehen, und auf Höhe des Karpalgelenkes ein Anheben des Vorderbeines zu erreichen. Das Pferd wird einige Schritte nach vorne geführt, wieder korrekt angehalten und ich wiederhole das Abfragen des Beinanhebens. Es ist erstaunlich, in welch kurzer Zeit die Pferde verstehen, was man von ihnen verlangt. Dreht man die Gerte um und touchiert auf der vorderen Karpalgelenkseite, so strecken die Pferde das Bein nun nach vorne. Nicht jedes Pferd reagiert am selben Punkt. Der Ausbilder muss sich eventuell die Pferdebeine entlangtasten, um die gewünschte Reaktion zu erhalten. Nach dem Strecken führe ich wieder einige Schritte vorwärts.

DIE TOUCHIERPUNKTE ZUM ANHEBEN DES BEINES

Um die Touchierposition besser zu demonstrieren, wurde für die Fotos eine Position hinter der Schulter gewählt.

01

02

01 Eine Berührung mit dem Gertenknauf auf Höhe des Karpalgelenkes bewirkt in der Regel ein Anheben des entsprechenden Beines.

02 Die Pferde reagieren meist sehr sensibel. Auch schon ein minimales Anheben wird belobigt.

Klappt das Anheben, soll das Pferd nun lernen, das Bein nach vorne zu strecken. Die Touchierpunkte, mit denen der gewünschte Effekt erreicht wird, sind oft unterschiedlich. Bei den gezeigten Pferden wird die Gerte nun vor das Pferd gehalten und es damit veranlasst, das Bein in Richtung Gerte zu heben und zu strecken.

03 Nina hebt das Bein nach vorne, wenn sie unterhalb der Brust touchiert wird.

Man beginnt nun auch mit der Aufforderung zum Heben des äußeren Beines.

04 Suna streckt das Bein auf ein Touchieren am Karpalgelenk.

03

04

DAS VORWÄRTSGEHEN

Nach dem sicheren Beherrschen des Anheben des Beines wird als nächster Schritt dann mit der Stimme in ein Vorwärts begleitet.

01 Nina tritt fleißig mit dem diagonalen Hinterbein mit. Eine Zügelhilfe auf der Seite des gestreckten Vorderbeines unterstützt die Hilfengebung: rechts gestellt – rechtes Bein nach vorne strecken.

02 Links gestellt – linkes Bein nach vorne strecken

Spätestens jetzt sollte man sich in Bewegungsrichtung drehen, um das Pferd nicht unnötig zu hemmen. Ein leichtes Signal mit der Zügelhilfe (Aufwärtsparade) auf der Seite des zu hebenden Beines komplementiert die Hilfengebung. Man sollte nicht gleich ein direktes Aufeinanderfolgen von rechts und links fordern. Um ein besseres Verständnis der Hilfen zu fördern, empfiehlt sich eine Abfolge mit aussetzendem Strecken, z. B. rechts heben, Schritt, Schritt, links heben, Schritt, Schritt, rechts heben. Wenn das Grundverständnis für die Übung erarbeitet und vom Pferd verinnerlicht wurde, gilt es, den Spanischen Schritt zu perfektionieren: ihn ausdrucksstark, erhaben, balanciert, taktrein und mit fleißigem diagonalem Hinterbein auszuführen.

01

02

01

02

01 Der Spanische Schritt ausgeführt von dem 21-jährigen Lusitanowallach. Mit ihm zusammen kann man lernen, wie sich der Spanische Schritt anfühlen sollte.

02 Fantasma muss noch lernen, nach vorne zu schreiten. Das Erlernen empfiehlt sich auf dem Hufschlag mit Bande, welche dem Pferd eine Stabilität gibt. Je balancierter ein Pferd ist, desto gleichmäßiger und geschmeidiger ist auch der Spanische Schritt.

Einige Pferdebesitzer klagen darüber, dass ihr Pferd keinerlei Reaktion auf das Touchieren mit der Gerte zeigt. Wenn ein Pferd so abgestumpft ist, dass es nicht mehr auf Berührungen reagiert, vielleicht sogar „geistesabwesend" bei der Arbeit erscheint, so hat dieses Verhalten meist einen tieferen Ursprung. Falsch verstandene Pferdeliebe, ununterbrochene Gabe von Leckerlis, einseitige Arbeit, permanentes Treiben oder Überforderung sind nur einige mögliche Gründe. Um aus einer solchen Lage wieder herauszukommen, benötigt es in erster Linie Einsicht und dann den Rat eines einfühlsamen Ausbilders.
Verschiedene „technische" Schwierigkeiten, die beim Erlernen des Spanischen Schrittes auftreten können, beschreibt Anja Beran ausführlich in ihren Büchern. Ich kenne keinen Ausbilder, der den Spanischen Schritt so perfektioniert erarbeitet wie sie.
Gelegentlich kann es sich der Ausbilder beim Erlernen der Passage zu nutzen machen, dass die Pferde gelernt haben, die Beine beim Spanischen Schritt zu strecken. Doch ist hier Vorsicht geboten, denn die Passage ist eine versammelte Lektion, welche auch aus der Versammlung heraus erarbeitet werden sollte. Das bedeutet, dass in der Regel, die Piaffe der Passage vorausgeht. Dadurch ist gesichert, dass das Pferd über die nötige Kraft in Hinterhand und Rücken verfügt, die es bei der Passage benötigt. Ansonsten wird die Passage vorderhandlastig, laut, ungleich und hat keinesfalls den schönen Charakter einer fließenden kraftvollen Welle. Hat das Pferd Schwierigkeiten, aus der Piaffe heraus in die Passage zu „gleiten" so darf ihm durch ein Touchieren wie beim Spanischen Schritt, ein Verständnis vermittelt werden. Hat das Pferd verstanden, was von ihm verlangt wird, gilt es die Passage über die Hinterhand, den „Motor" zu perfektionieren.

HANDARBEIT

— *Auch die ganz Kleinen können's*

Egal, ob als Kinderreitpony oder Kutschenpony, die Kleinen profitieren genauso von der Handarbeit wie die Großpferde. Gerade Shettys haben vielerorts keine wirkliche Aufgabe. Es ist großartig zu sehen, wie sehr Kinder beim Reiten profitieren, wenn die Ponies zusätzlich an der Hand gearbeitet und gymnastiziert werden.

01

02

03

Die Herangehensweise ist bei Großpferden und Ponys identisch, nur dass wir bei den Kleinen unbedingt ein ruhiges Tempo vorgeben sollten. Beim Großpferd können wir mit großen Schritten gehen, doch ein Shetty hat ja viel weniger Übersetzung und wir müssen langsam mitgehen, damit es nicht übereilt. Stellung und Biegung kann man bei den Kleinen wunderbar erarbeiten. Alleine größenbedingt lassen sie sich gut einrahmen. Durch unsere hohe Position gelingt die Einwirkung sehr präzise, und da wir übers gesamte Pony blicken können, sehen wir genau, ob die Biegung wirklich durchgängig korrekt ist.

04

05

06

Die Traversale, gestellt und gebogen, auf Abb. 2 von Theresa und Schnuppe korrekt gezeigt. Sehr vorteilhaft gegenüber dem Großpferd, sieht man beim Pony ganz genau, ob die Vorhand auch tatsächlich führt oder eventuell von der Hinterhand überholt wird. Die Ohren müssen parallel sein, ansonsten ist das Pferd verworfen. Schön zu sehen, der äußere Zügel führt das Pony, der innere Zügel ist für die Stellung zuständig. Die Gerte zeigt nach hinten Richtung Oberschenkel und begleitet das Kreuzen.

01
Piaffe: Höchstschwierigkeit an der Hand. Sternschnuppe bleibt gerade, obwohl ihr jegliche Bande oder Umrandung fehlt, um sich „anzulehnen". Sogar die Zügelführung ist leicht. Touchiert wird Schnuppe Richtung Schweifrübe von oben.

02
Traversale

03
Piaffe am Hufschlag: stolz mit viel Kadenz und Ausdruck

04 – 05
Eigenes Stimmkommando, hohe Kopf-Hals Position und immer im Vorwärts erarbeiten wir den Spanischen Schritt. Nicht jedes Pferd zeigt den Spanischen Schritt mit so viel Ausdruck wie die kleine Schnuppe. Besonders schwierig ist der Spanische Schritt ohne Anlehnung durch die Bande. Hier kippen die Pferde schnell zu einer Seite. Schnuppe kann das linke Vorderbei sehr schön gerade heben, beim rechten erkennt man eine deutliche Neigung nach rechts. Hier empfiehlt es sich, das Anheben des rechten Beines auf der linken Hand an der Bande abzufragen, um die Übung gleichmäßiger und gerader ausführen zu können.

06
Spanischer Schritt: Schulterfreiheit beim Shetland Pony – kein Problem

DIE PASSAGE

— *eine Welle voller Emotionen*

AUSFÜHRUNG

Die ausbalancierte Passage an der Hand gibt dem Ausbilder ein Glücksgefühl, weil die Pferde so anmutig wirken.

Eine korrekt ausgeführte Passage ist eine kraftvolle, wellenartig nach oben ausgeführte Bewegung mit einem Schwebemoment. Deshalb sollte man die Passage erst erarbeiten, wenn die Piaffe sicher erlernt wurde und das Pferd über ausreichend Balance verfügt. In Leichtigkeit ausgeführt, lässt die Passage jedes Pferd anmutig wirken. Sie sollte ohne Kraft abrufbar sein. An der Hand ist die Lektion eine Herausforderung. Gewichts- und Schenkelhilfe fehlen, um das Pferd einzurahmen und geradezuhalten. Die Erarbeitung der Passage erfolgt an der Hand meist aus der Piaffe an der Bande in die ersten Schwebetritte ins Vorwärts. Hierbei gilt es als oberstes Gebot, schon nach dem ersten Tritt die Trainingseinheit mit viel Lob zu beenden. Um diesen

Zeigt ein Pferd die ersten passageartigen Tritte, gilt es unmittelbar zu loben und eine Pause zu machen.

ersten Tritt nicht zu versäumen und dann vielleicht doch mehrere Male zu versuchen, empfiehlt es sich, eine zweite Person mit etwas Abstand und einer guten Übersicht zu positionieren. Bei der Arbeit an der Hand ist der Ausbilder sehr nah am Pferd, was gerade beim Erlernen hoher Lektionen eine Schwierigkeit darstellen kann.
Zum Erlernen der Passage wiederholt man sehr oft, fordert aber nur wenige Tritte und lobt ausgiebig. Die Pferde müssen leicht in der Hand sein, ein Pferd, das sich nicht mit feinen Hilfen regulieren lässt, kann man nicht passagieren.

POSITIONIERUNG DES MENSCHEN

Man positioniert sich in Schulterhöhe oder leicht dahinter in Bewegungsrichtung. Aus einer energischen Piaffe versucht man die Pferde in ein Vorwärts zu entlassen, unterstützt dies mit der Stimme oder einem Touchieren und fängt dies sanft mit beidseitigen, gleichzeitigen Paraden ab. Ein Wechselspiel zwischen Annehmen und Nachgeben begleitet die Passage. Häufig heben sich die Pferde zu Beginn etwas heraus, was zu akzeptieren ist. Hat das Pferd die Lektion erst einmal verstanden, wird es lernen, auch in korrekter Anlehnung zu bleiben. Je nachdem, auf welcher Seite (hohle oder steife Seite) ich arbeite, sollte das Pferd in leichter Außenstellung anpassagiert werden, um in der Balance zu bleiben. Wird das Pferd zu eifrig und versucht sich über

Nina bei ihren ersten Passagetritten. Sie ist sehr eifrig und das Ziel ist es, ihr Vorwärts in der Passage zu regulieren und trotzdem eine korrekte Anlehnung mit langem Hals zu ermöglichen. Nach einer annehmenden Parade muss unmittelbar eine nachgebende folgen.

Hier profitiert die Schülerin von der Erfahrung des Pferdes. Sie kann sich in diesem Fall ausschließlich auf die Zügelhilfe konzentrieren und kann ein Gefühl entwickeln, das Pferd durch die richtige Stellung in Balance zu bringen und zu behalten.

Tempo dem Passagieren zu entziehen, pariere ich sofort durch und versuche es nochmals.
Abhängig vom Temperament und der Sensibilität des Pferdes entscheidet man sich für eine zweite Person, welche leicht hinter dem Pferd geht und beim Touchieren hilft. Um ein Gefühl für eine Passage an der Hand zu bekommen, empfiehlt sich ein erfahrenes Pferd als Lehrmeister.

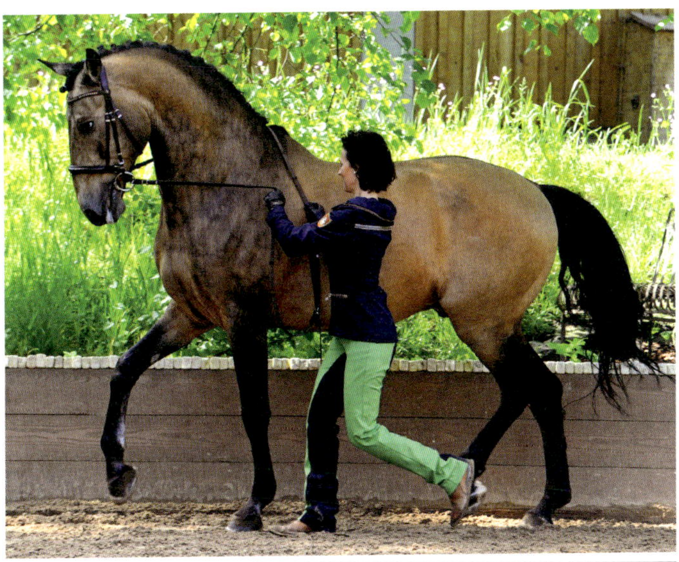

Um Uranio in seiner ausdrucksstarken Passage zu begleiten, muss die Ausbilderin zügig mitschreiten. Dies wäre nicht möglich, wenn sie frontal zum Pferd positioniert wäre und rückwärts gehen müsste. Die Passage würde so zu stark ausgebremst und das Pferd in der Vorwärtsbewegung behindert.

FORTGESCHRITTEN

— *Passage und Galopp an der Hand*

Aus der Piaffe erarbeitet, entsteht die Passage an der Hand. Wichtig ist hierbei: Dem Vorwärtsdrang der Pferde im richtigen Moment nachgeben und dann wieder gefühlvoll, aber konsequent abfangen. Ich erarbeite die Passage gerne an der Hand, baue sie aber unter dem Sattel weiter aus, da das Mitschreiten über einen längeren Zeitraum doch sehr anstrengend sein kann.

Ich arbeite die Pferde gerne zu Beginn im Galopp um mich herum. Hierbei empfiehlt sich eine „halblange" Zügelführung. Die Pferde haben den längeren Weg und müssen sich noch nicht so sehr versammeln. Auf der geraden Linie haben Bodenmann und Pferd den gleichen Weg, und wenn wir nicht neben dem Pferd herrennen wollen, muss es sich sehr stark versammeln und ruhig galoppieren. Dabei darf es aber den Takt und das Bergauf nicht verlieren. Die treibenden Hilfen müssen deshalb teilweise sehr energisch gegeben werden, um das zu gewährleisten.

01

02

03

05

06

07

08

04

01 – 04 Unsere Herangehensweise ist es, die Passage aus der Piaffe zu entwickeln. Ist die Passage einmal gefestigt, kann sie auch mühelos aus jeder Gangart abgefragt werden. Es kann sehr hilfreich sein, die jeweilige Lektion zusätzlich mit einem eigenen Stimmkommando zu begleiten.

05 – 08 Galopparbeit: Pferde mit sehr viel Raumgriff im Galopp arbeite ich nicht zwingend an der Hand. Es ist nicht mein Ziel, jedes Pferd an der Hand zu galoppieren. Der Galopp an der Hand kann gelegentlich sehr hilfreich sein z. B. zum Erlernen der Pirouette.

FREIARBEIT

— in den Spiegel schauen

DIE KRÖNUNG

Gelerntes an der Hand lässt sich auch ganz ohne Zaum bei der Freiarbeit abfragen. Sie ist der Spiegel unserer Beziehung zum Pferd.

Bei Frédéric Pignon bekam ich Einblicke in die Freiarbeit. Es macht mir große Freude, Übungen auch ohne Zaum oder Halfter abrufen zu können. Der auf den Fotos abgebildete Junghengst wurde von mir vom Boden aus gearbeitet und hat die Grundschule am Halfter mit Strick gelernt. Durch die Schulterkontrolle, die er bei der Handarbeit gelernt hat, kann ich mir den Hengst immer auf einen Sicherheitsabstand halten oder ihn sogar zu mir dirigieren. Bei der Freiarbeit ist das A und O die Schulterkontrolle. Man muss in der Lage sein, die Pferde mit der Gerte und durch Körpersprache zu kontrollieren. Auch hier gilt für mich, die Pferde nicht abzustumpfen. Ich möchte den Glanz in den Augen bei der Arbeit sehen, kein abgestumpftes Pferd, das augenscheinlich den Eindruck erweckt, „so brav“ zu sein. Auch bei der Freiarbeit muss mit Maß gearbeitet werden, ansonsten wird das Pferd ihrer überdrüssig und es entsteht trotz Freiheit ein Zwang. Das zu schaffen ist eine Kunst, welche nur wenigen Menschen zuteil ist. Frédéric Pignon und Magali Delgado sind für mich solche Menschen und meine persönlichen Vorbilder im Umgang und in der Beziehung zu ihren Pferden. Ich hoffe, diesen Grad auch irgendwann zu erreichen und arbeite permanent an mir.

Gerade wir Ausbilder müssen uns ständig daran erinnern, keinen Alltag in unsere Arbeit einkehren zu lassen, nicht einfach ein Programm abzuspulen, ein Pferd nach dem anderen „abzuarbeiten“. Denn darunter würde die Beziehung zu unseren Pferden leiden. Bei gelegentlicher Freiarbeit hat unser Pferd die Chance, uns unmissverständlich klarzumachen, welche Beziehung es zu uns pflegt. Dann gilt es wieder sich selbst zu hinterfragen, an sich zu arbeiten.

Mein persönliches Ziel ist es, den Spiegel im Pferd immer zu sehen und zu reflektieren, und somit den Glanz in den Augen meiner Pferde zu erhalten.

Solange man die Möglichkeit hat mit Pferden zu arbeiten, sollte man es als größte Chance sehen, sich auch selber weiterzuentwickeln, niemals stehen bleiben und glauben, man weiß schon alles. Ein guter Ausbilder sieht in den Pferden einen Spiegel und wird zeit seines Lebens mit seinen eigenen Unzulänglichkeiten konfrontiert. Welch eine Chance zur Charakterformung, die wir durch die Pferde bekommen!

☞ SCHULTERKONTROLLE UND GYMNASTIZIERUNG GANZ OHNE „ZWANG"

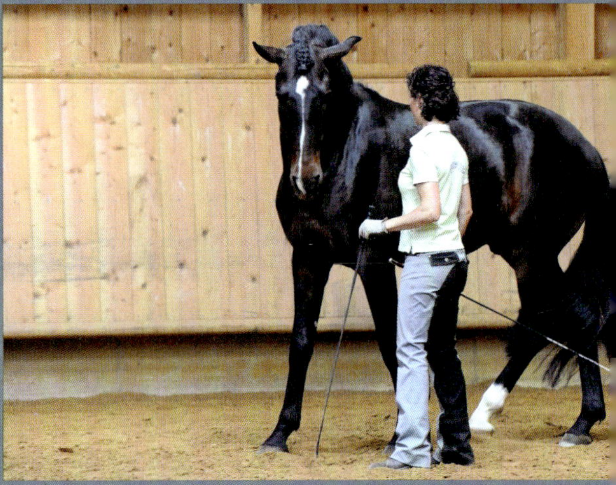

01

02

01 Ich dirigiere Fantasma mit beiden Gerten und meiner Körpersprache.

02 Stellung und Biegung in der Freiarbeit ohne sichtbare Einwirkung

03 Auch bei der konzentrierten Freiarbeit sollte das Pferd Freude an der „Arbeit" signalisieren.

04 Schenkelweichen wie von „Geisterhand" geführt

05 Der Junghengst liebt es, sein Gesicht beim „Kompliment" zu kratzen und die Nase in den Sand zu stecken. Ich gewähre ihm dieses Verhalten und erhalte so seine Freude an der Übung.

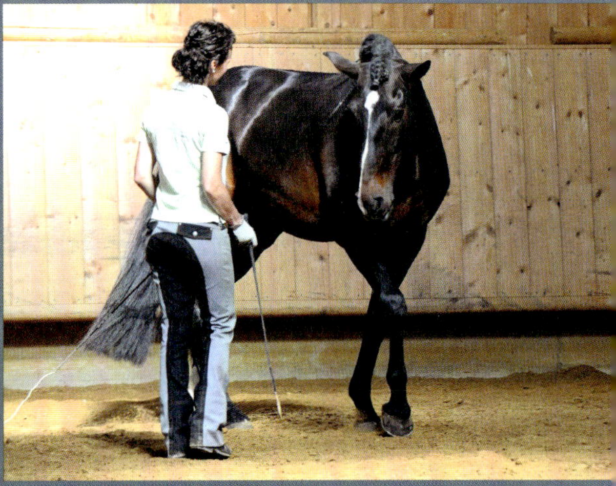

03

04

05

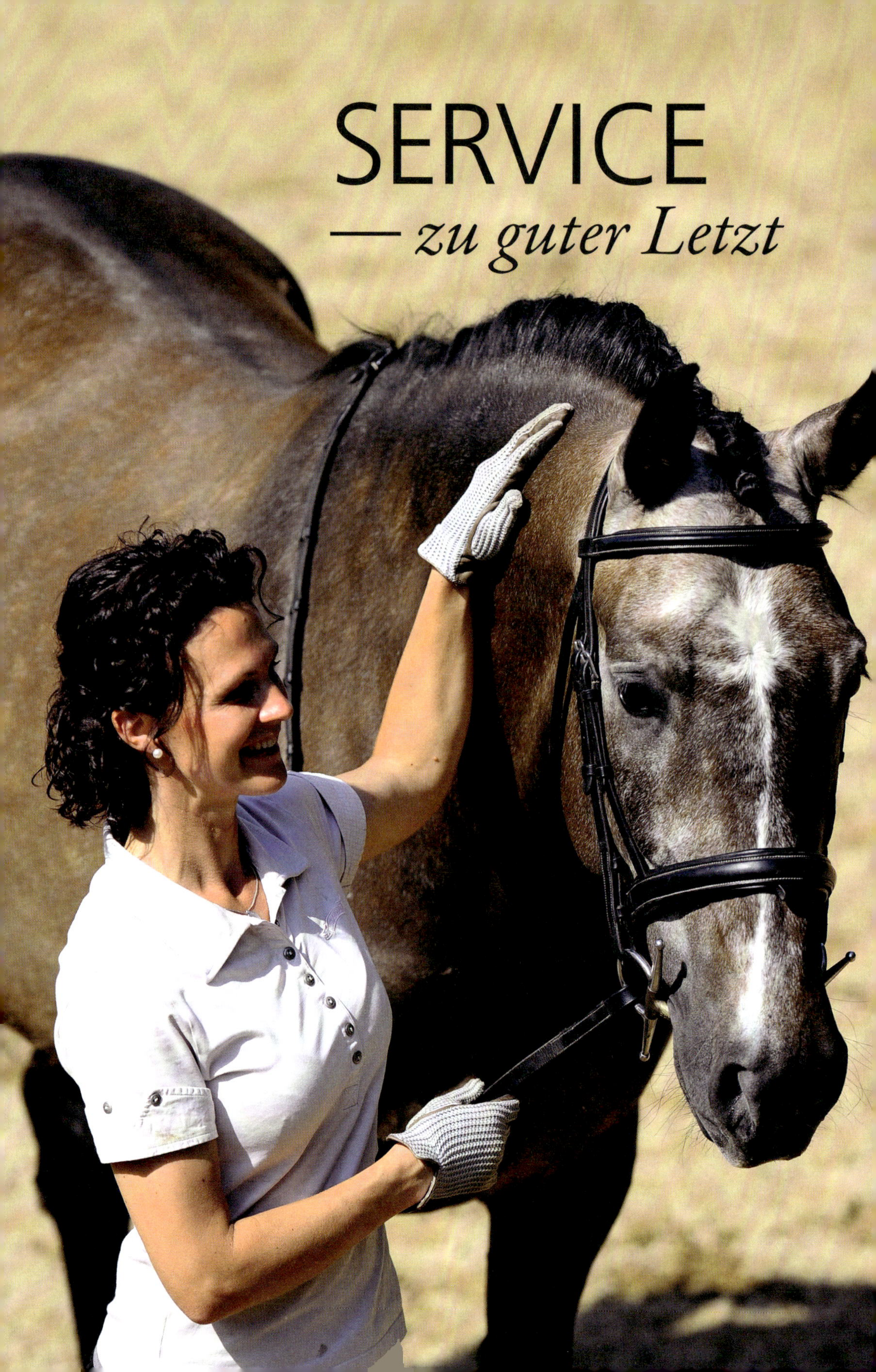
SERVICE
— zu guter Letzt

VORHER-NACHHER-EINDRÜCKE DER PFERDE

Kommen neue Pferde in unseren Stall ist es sinnvoll, Fotos oder Videos zu machen und diese nach einigen Monaten zu vergleichen. Bei den gezeigten Pferden hat die Handarbeit gute Dienste geleistet. Natürlich wurden auch Fütterung und Haltung optimiert. Für viele Pferde ist es besser, eine Weile ohne Reitergewicht gearbeitet zu werden. Hierbei ist es wichtig, die Intensität der Arbeit immer auf den Verfassungszustand des Pferdes auszurichten. Regelmäßiges Dokumentieren bringt Gewissheit, auf dem richtigen Weg zu sein. Angesichts dieser Bilder haben wir mittlerweile Vertrauen und Zuversicht in unsere Herangehensweise gewonnen. Doch auch der Ausbilder darf nicht stehen bleiben und muss sich immer weiterbilden.

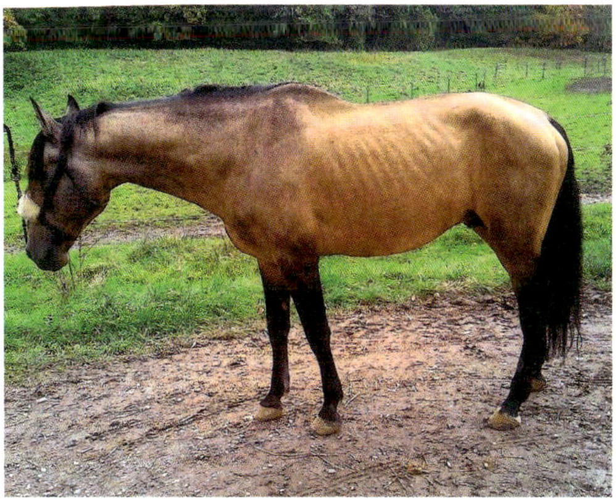

Uranio am 31.10.2014 – ein Häufchen Elend

Uranio im Mai 2016

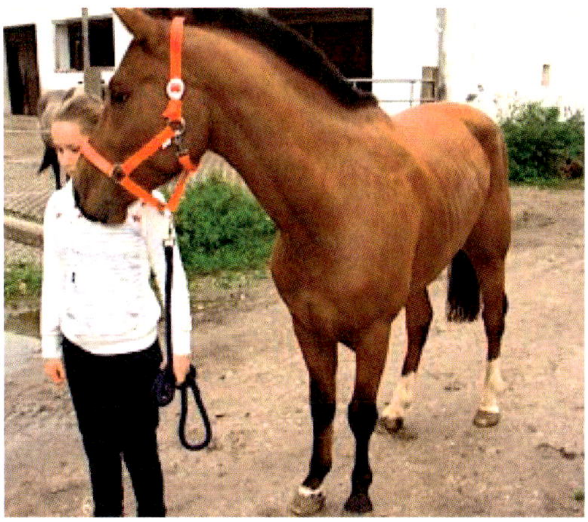

Der Freiberger Navaro im Herbst 2014

Navaro kam zu uns in Ausbildung Anfang 2015. Dieses Bild ist im Mai 2016 entstanden.

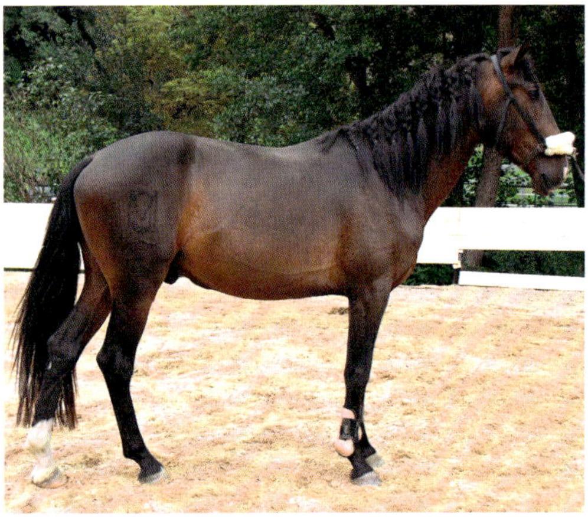

Lusitanohengst Fantasma im August 2014

Fantasma im Oktober 2015

So kam der Holsteiner-Wallach Quite Calypso zu uns.

Ein halbes Jahr später hat Quite Calypso einen schöner geformten Hals. Die Beulen am Genick sind verschwunden.

Die junge Stute Oh là là im Oktober 2015 zu Beginn ihrer Ausbildung

Oh là là ein halbes Jahr später, deutlich besser bemuskelt und das auf schonendem und natürlichem Weg

FAZIT: HANDARBEIT AUS OSTEOPATHISCHER SICHT

Die Handarbeit fördert Konzentration, Körpergefühl, Selbstbewusstsein und Gesundheit der Pferde. Sie hilft, Korrekturpferden sowie Pferden mit körperlichen Defiziten ein verloren gegangenes oder noch nie zuvor erlerntes Körpergefühl zu erzielen bzw. zurückzuerlangen. Vor allem Jungpferde lernen auf diese Art das nötige Gleichgewicht, das im späteren Leben als Reitpferd wichtig ist. Muskeln, Sehnen und Bänder werden gezielt gymnastiziert, aufgebaut und trainiert. Dadurch erreicht man eine neue Mobilität des gesamten Bewegungsapparates, eine Verbesserung des körperlichen Wohlbefindens und damit eine Steigerung der Lebensqualität.
Wichtig ist es, bei allen Übungen auf den Ausbildungsstand, das Alter, die Haltungsform und den gesundheitlichen Zustand des Pferdes einzugehen und dementsprechend Rücksicht zu nehmen. Hierbei sollte ein Experte hinzugezogen werden, der den Zustand beurteilt und die Übungen der Handarbeit an die körperliche Konstitution anpasst.

DIE OSTEOPATHIN

Angelika Mittermüller ist Physiotherapeutin, Osteopathin und Akupunkteurin für Pferde und Hunde. Im Rahmen ihrer Ausbildung hat sie zudem die Craniosacral- sowie die Dorn-/Breuss-Therapie erlernt. Ihren Abschluss absolvierte sie erfolgreich am Institut für Tierheilkunde in München. Mit ihrer mobilen Praxis VierbEinklang ist sie im Großraum München tätig.

Angelika Mittermüller

NÜTZLICHE ADRESSEN

Kathrin Roida
Hofgut Ludwigshöhe
Ludwigshöhe 3b
82256 Fürstenfeldbruck
Tel. +49 (0) 81413633606
E-Mail info@KathrinRoida.de
www.facebook.com/Hofgut Ludwigshoehe

Anja Beran
Gut Rosenhof
Rudratsried 7
87651 Bidingen
Tel. +49 (0) 8348976230
www.anjaberan.de

Dr. Gerd Heuschmann
Allee 28
48249 Dülmen
Tel. +49 (0) 2548-919222
www.gerdheuschmann.com

Nicole Künzel
In der Wisch 8
30938 Burgwedel
Tel. 0176-636 00365
www.evipo.com

Wissenswertes rund um das Thema Pferd finden Sie auf **facebook.com/kosmos.pferde**

DANK

Vielen Dank an die Firma **Waldhausen**, welche uns die Touchiergerten zur Verfügung gestellt hat. www.waldhausen.com

Ein Dankeschön an die Firma **Sonnenreiter** für die Bekleidung. www.sonnenreiter.de

Herzlichen Dank der Firma **W & F Meisterhandschuhe** www.lederreithandschuhe.de für die Ausstattung mit Reithandschuhen.

QUELLEN

Anja Beran: Aus Respekt!, Edition WuWei bei Kosmos 2013

Anja Beran: Klassische Reitkunst, Cadmos 2013

Dr. med. vet. Gerd Heuschmann: Balanceakt, Edition WuWei bei Kosmos 2011

Dr. med. vet. Robert Stodulka: Das Phänomen François Baucher, Edition WuWei bei Kosmos 2009

ZUM WEITERLESEN

Baumert, Beth: **Dressurdynamik**, Zwei Körper in Harmonie; KOSMOS 2021
Ist der Reiter mit seinem Pferd in Balance, fühlt es sich so an, als würde das Pferd die Arbeit von alleine ausführen. Für außenstehende Beobachter sieht das Pferd frei und ungezwungen aus, obwohl der Reiter es mit feinen, unsichtbaren Hilfen dirigiert. Dieses Buch erklärt, wie der Reiter Gleichgewicht entwickeln und mit Hilfe der vier Kraftlinien die Energie seines Pferdes leiten und formen kann.

Beran, Anja: **Aus Respekt!**, Reiten zum Wohle des Pferdes; Edition WuWei bei KOSMOS 2017
Mit diesem Buch ist Anja Beran ein grundlegendes Werk gelungen. Ob Anfänger oder fortgeschrittener Dressurreiter – hier findet jeder unverzichtbares Basiswissen, angefangen vom mentalen und körperlichen Rüstzeug für den Reiter bis hin zur pferdegerechten Ausbildung.

Heuschmann, Dr. med. vet. Gerd / von Ziegner, Kurd Albrecht: **Die kommentierte H.Dv.12**; Edition WuWei bei KOSMOS 2017
Die Heeres-Dienstvorschrift von 1912 ist der Ursprung der heutigen Richtlinien für das Reiten und Fahren. Oberst a. D. Kurd Albrecht von Ziegner und Dr. Gerd Heuschmann ergänzen das Regelwerk der Reitkultur mit neuesten Erkenntnissen und ihrem Erfahrungsschatz. 15 Filmaufnahmen von Gesprächen der beiden namhaften Autoren

bilden eine aufschlussreiche und wertvolle Ergänzung zu diesem unentbehrlichen Werk.

Heuschmann, Dr. med. vet. Gerd: **Finger in der Wunde**, Was Reiter wissen müssen, damit ihr Pferd gesund bleibt; Edition WuWei bei KOSMOS 2015
Es wird gezogen und gezerrt – was läuft da falsch auf vielen Reitplätzen? Pferde werden von Reitern, Ausbildern und sogar Spitzensportlern in Formen gepresst, die ihrer Gesundheit nachhaltig schaden. Dr. Gerd Heuschmann erklärt, warum die bewährten Prinzipien der klassischen Reitlehre immer noch gültig sind und wie es gelingt, ein Pferd so auszubilden, dass es psychisch und körperlich gesund bleibt.

Higgins, Gillian: **Anatomie, Gymnastizierung, Muskelaufbau**, Die besten Übungen am Boden; KOSMOS 2017
Die Erfolgsautorin beschreibt auf ihre gewohnt anschauliche Art die besten Boden-Übungen zur Gymnastizierung und zum Muskelaufbau des Pferdes. So bleibt der Pferderücken gesund und locker. Mit klar strukturiertem Seitenaufbau, prägnanten Texten und Fotos zu jedem Übungsschritt. Extra: Anatomische Übersichten von Skelett und Muskulatur.
Das Plus zum Buch: Die kostenlose KOSMOS-PLUS-App mit Filmen zu ausgewählten Übungen.

Katzenberger-Schmelcher, Dr. Ruth / Katzenberger, Yvonne: **Mehr Körpergefühl für mein Pferd**, Ergotherapie im Pferdetraining; KOSMOS 2020
Wenn Pferde ein auffälliges Verhalten zeigen, wird als Grund meist Ungehorsam oder unpassende Ausrüstung angenommen. Dabei liegen die Ursachen oft bei den drei Basissinnen des Pferdes: Tast-/Berührungssinn, Gleichgewichtssinn oder die Tiefenwahrnehmung sind gestört. Hier setzt die Pferdeergotherapie mit Übungen und sinnvollem Training an. Sie bietet praktische Hilfestellungen und verbessert die Körperwahrnehmung – eine Wohltat für jedes Pferd.

Klimke, Ingrid: **Cavaletti – Aufbauten und Abmessungen**; KOSMOS 2021
Für Ingrid Klimke ist das Reiten über Cavaletti fester Bestandteil des täglichen Trainings. Sehr wichtig sind hierbei die richtigen Abstände zwischen den Cavaletti, die korrekten Aufbauten und Abmessungen. Nur dann erzielt Cavaletti-Arbeit den gewünschten Trainingseffekt. Dieser Kompakt-Ratgeber bietet einen schnellen Zugriff auf alle wichtigen Aufbauten und Abmessungen.

Klimke, Ingrid / Klimke, Reiner: **Grundausbildung des jungen Reitpferdes**, Dressur, Springen, Gelände; KOSMOS 2019
Der Name Klimke steht für eine pferdegerechte und vielseitige Ausbildung. Die ersten Monate und Jahre unter dem Sattel legen den Grundstein für die Zukunft eines Reitpferdes. Jedes Pferd, ob es im Sport eingesetzt oder in der Freizeit geritten wird, braucht eine solide und fundierte Grundausbildung, damit es seine Aufgaben unter dem Reiter zuverlässig, motiviert und bei bester Gesundheit erfüllen kann. Kein Buch beschreibt die Grundausbildung junger Reitpferde so fundiert wie dieser Klassiker.

Masterson, Jim, mit Reinhold, Stefanie: **Körperarbeit für Pferde**; Locker, entspannt, gelöst mit der Masterson-Methode; Edition WuWei 2018
Jim Masterson löst mit seiner Art der Körperarbeit und Massage tiefe Verspannungen beim Pferd und bringt es in einen ganzheitlich entspannten Zustand. In vielen Detailaufnahmen werden die einzelnen Handgriffe und speziellen Anwendungsgebiete gezeigt, so dass jeder Reiter sein Pferd individuell behandeln kann. So lockern sich körperliche und seelische Spannungen, und als zusätzlicher positiver Nebeneffekt vertieft sich die Beziehung des Menschen zu seinem Pferd.

Savoie, Jane: **Positiv denken – besser reiten**; KOSMOS 2020
Über Erfolg oder Misserfolg entscheidet nur zu 15% das Können und zu 85% die innere Einstellung. Doch zum Glück kann jeder lernen, positiv zu denken! Dieses Buch zeigt den Weg: Mithilfe von mentalem Training, Motivationstechniken, Visualisierungs- und Konzentrationsübungen werden das Selbstbewusstsein gestärkt und Gewinner-Strategien entwickelt. So können Pferd und Reiter über sich hinauswachsen – egal ob im Alltag oder in der Turnierprüfung.

REGISTER

BILDNACHWEIS

248 Farbfotos wurden von Horst Streitferdt für dieses Buch aufgenommen.

Weitere Farbfotos von Kathrin Roida (2): S. 151 o.li., 152 o.li.; Familie Gödicke (1): S. 152 mi.li.; Familie Wembacher (1): S. 151 u.li.

Mit 10 Farbillustrationen von Cornelia Koller, Sue Harris und Tomek Twardowski

IMPRESSUM

Umschlaggestaltung von die basis, Wiesbaden unter Verwendung von zwei Farbfotos von Horst Streitferdt / Kosmos. Das Titelbild zeigt Kathrin Roida mit dem Lusitanohengst Geronimo.

Mit 252 Farbfotos und 10 Farbillustrationen

Gedruckt auf chlorfrei gebleichtem Papier

Pfizerstraße 5–7, 70184 Stuttgart
kosmos.de/servicecenter

ISBN 978-3-440-17012-0
Redaktion: Alexandra Haungs
Gestaltungskonzept: Peter Schmidt Group GmbH, Hamburg
Gestaltung und Satz: Atelier Krohmer, Dettingen/Erms
Produktion: Claudia Frank
Druck und Bindung: Westermann Druck Zwickau GmbH, Zwickau
Printed in Germany / Imprimé en Allemagne

FSC
www.fsc.org
MIX
Papier | Fördert gute Waldnutzung
FSC® C110508